William Abendroth (Hrsg.)

**Sir Isaac Newton's
Optik**

oder
Abhandlung über Spiegelungen, Brechungen,
Beugungen und Farben des Lichts

I. Buch

SEVERUS

Abendroth, William: Sir Isaac Newton's Optik
oder Abhandlung über Spiegelungen, Brechungen,
Beugungen und Farben des Lichts
I. Buch

Hamburg, SEVERUS Verlag 2013
Nachdruck der Originalausgabe von 1898

ISBN: 978-3-86347-342-6
Druck: SEVERUS Verlag, Hamburg, 2013

Der SEVERUS Verlag ist ein Imprint der Diplomica
Verlag GmbH.

**Bibliografische Information der Deutschen
Nationalbibliothek:**
Die Deutsche Nationalbibliothek verzeichnet diese
Publikation in der Deutschen Nationalbibliografie;
detaillierte bibliografische Daten sind im Internet über
http://dnb.d-nb.de abrufbar.

Sir Isaac Newton

in seinem 84sten Lebensjahre,

geb. 25. Dec. 1642 in Whoolsthorbe, gest. 20. März 1727 in London
(nach julianischem Kalenderstyl, Zählung des Jahres vom 1. Januar an).

Sir Isaac Newton's

OPTIK

oder

Abhandlung über Spiegelungen, Brechungen, Beugungen und Farben

des

Lichts.

(1704)

Uebersetzt und herausgegeben

von

William Abendroth
(Dresden).

I. Buch.

Mit dem Bildniss von Sir *Isaac Newton* und 46 Figuren im Text.

Vorwort zur ersten Auflage.

Die nachfolgende Abhandlung über das Licht war zum Theil im Jahre 1675 auf den Wunsch einiger Herren der Royal Society geschrieben, alsdann dem Secretär dieser Gesellschaft zugeschickt und in deren Sitzungen gelesen worden; das Uebrige war etwa 12 Jahre später[1]) zur Vervollständigung der Theorie hinzugefügt worden, mit Ausnahme des dritten Buchs und der letzten Beobachtung im letzten Theile des zweiten, die seitdem aus zerstreuten Papieren zusammengetragen wurden. Um nicht in Streitigkeiten über diese Dinge verwickelt zu werden, habe ich den Druck bis jetzt verzögert und würde ihn noch weiter unterlassen haben, wenn ich nicht dem Drängen von Freunden nachgegeben hätte. Sollten irgend welche andere über diesen Gegenstand geschriebene Papiere mir aus der Hand und in die Oeffentlichkeit gekommen sein, so sind diese unvollendet und vielleicht abgefasst, bevor ich alle hier niedergelegten Experimente angestellt hatte, und ehe ich hinsichtlich der Gesetze der Brechung und der Farbenbildung selbst völlig befriedigt war. Jetzt gebe ich heraus, was ich zur Veröffentlichung geeignet halte, und wünsche, dass es nicht ohne meine Einwilligung in eine fremde Sprache übersetzt werde.

Von der farbigen Corona, die bisweilen um Sonne oder Mond erscheint, habe ich eine Erklärung gegeben, indessen bleibt diese Erscheinung in Ermangelung genügend zahlreicher Beobachtungen noch ferner zu untersuchen. Auch den Inhalt des 3. Buchs habe ich noch unvollendet gelassen, da ich nicht alle über diesen Gegenstand beabsichtigten Versuche angestellt, noch auch einige der wirklich ausgeführten wiederholt habe, nachdem ich über die obwaltenden Umstände zu befriedigender Klarheit gelangt war. Meine ganze Absicht bei Veröffentlichung dieser Blätter ist, meine Versuche mitzutheilen und die übrigen zu weiterer Untersuchung Anderen anheimzugeben.

[Hierauf folgen noch Bemerkungen über die in der ersten Auflage mit enthaltenen mathematischen Untersuchungen, die mit der Optik nichts zu thun haben.]

April 1.
1704.   I. N.

Vorwort zur zweiten Auflage.

[Voraus geht die Bemerkung, dass die gar nicht zur Sache gehörigen mathematischen Abhandlungen hier weggelassen worden seien.]

Am Ende des 3. Buches sind einige Fragen hinzugefügt. Um zu zeigen, dass ich die Schwerkraft nicht als eine wesentliche Eigenschaft der Körper auffasse, habe ich eine Frage über die Ursache derselben hinzugefügt, und wollte dies gerade in Form einer Frage vorlegen, weil ich in Ermangelung von Versuchen darüber noch nicht zu befriedigendem Abschlusse gelangt bin.

Juli 16.
1717   I. N.

Das erste Buch der Optik.

Erster Theil.

Es ist nicht meine Absicht, in diesem Buche die Eigenschaften des Lichts durch Hypothesen zu erklären, sondern nur, sie anzugeben und durch Rechnung und Experiment zu bestätigen. Dazu will ich folgende Definitionen und Axiome vorausschicken.

Definitionen.

1. Definition. Unter Lichtstrahlen verstehe ich die kleinsten Theilchen des Lichts, und zwar sowohl nach einander in denselben Linien, als gleichzeitig in verschiedenen. Denn es ist klar, dass das Licht sowohl aus successiven, wie aus gleichzeitigen Theilchen besteht, da man an der nämlichen Stelle das in einem bestimmten Augenblicke ankommende Licht auffangen und gleichzeitig das nachkommende vorbeilassen kann, und ebenso kann man im nämlichen Augenblicke das Licht an einer Stelle auffangen und an einer andern vorbeilassen. Denn das aufgefangene Licht kann nicht dasselbe sein, wie das vorbeigelassene. Das kleinste Licht oder Lichttheilchen, welches getrennt von dem übrigen Lichte für sich allein aufgefangen oder ausgesandt werden kann, oder allein etwas thut oder erleidet, was das übrige Licht nicht thut, noch erleidet, — dies nenne ich einen Lichtstrahl.

2. Definition. Brechbarkeit der Lichtstrahlen ist ihre Fähigkeit, beim Uebergange aus einem durchsichtigen Körper oder Medium in ein anderes gebrochen oder von ihrem Wege abgelenkt zu werden. Grössere oder geringere Brechbarkeit ist ihre Fähigkeit, bei gleichem Auftreffen auf das nämliche Medium mehr oder weniger von ihrem Wege abgelenkt zu werden. Die Mathematiker betrachten gewöhnlich die Licht-

strahlen als Linien, die vom leuchtenden Körper bis zum erleuchteten reichen, und die Refraction solcher Strahlen als
Biegung oder Brechung dieser Linien bei ihrem Uebergange
aus einem Medium in ein anderes. In dieser Weise mögen
wohl Strahlen und Brechung aufgefasst werden können, wenn
die Ausbreitung des Lichts ein augenblickliche ist. Aber
aus der Vergleichung der Zeiten bei den Verfinsterungen der
Jupitertrabanten ergiebt sich ein Grund dafür, dass die Ausbreitung des Lichts Zeit erfordert, indem es von der Sonne
bis zur Erde etwa 7 Minuten braucht; deshalb habe ich für
gut befunden, Lichtstrahlen und Brechungen so allgemein zu
definiren, dass sie auf das Licht in jedem Falle passen.

3. **Definition.** Reflexionsfähigkeit ist die Eigenschaft
der Strahlen, reflectirt oder in dasselbe Medium zurückgeworfen zu werden, wenn sie auf die Oberfläche eines anderen
Mediums treffen. Sie sind mehr oder weniger reflectirbar,
je nachdem sie mehr oder weniger leicht zurückgeworfen
werden [2]; wie wenn z. B. Licht aus Glas in Luft übergeht und,
indem es mehr und mehr gegen die gemeinsame Trennungs-
fläche geneigt ist, schliesslich durch diese Fläche total reflectirt
wird; solche Lichtarten, die bei gleichem Einfallswinkel am
reichlichsten reflectirt oder bei wachsender Neigung der Strahlen
am ersten total reflectirt werden, sind die am stärksten re-
flectirbaren.

4. **Definition.** Einfallswinkel heisst der Winkel, welchen die von dem einfallenden Strahle beschriebene Linie mit
der im Einfallspunkte auf der reflectirenden oder brechenden
Ebene errichteten Senkrechten bildet.

5. **Definition.** Reflexions- oder Brechungswinkel
ist der Winkel, den die vom reflectirten oder gebrochenen
Strahle beschriebene Linie mit der im Einfallspunkte auf der
reflectirenden oder brechenden Ebene errichteten Senkrechten
bildet.

6. **Definition.** Die Sinus des Einfalls, der Reflexion und
der Brechung sind die Sinus des Einfalls-, Reflexions- und
Brechungswinkels.

7. **Definition.** Licht, dessen Strahlen gleich brechbar
sind, nenne ich einfach, homogen und gleichartig, dasjenige, von welchem einige Strahlen brechbarer sind als andere, nenne ich zusammengesetzt, heterogen und un-
gleichartig. Das erstere Licht nenne ich nicht deshalb
homogen, weil ich etwa behaupten wollte, es sei gleichartig

in jeder Hinsicht, sondern weil die gleich brechbaren Strahlen wenigstens in allen denjenigen anderen Eigenschaften übereinstimmen, die ich in der folgenden Untersuchung betrachte.

8. Definition. Die Farben des homogenen Lichts nenne ich primäre, homogene und einfache, die des heterogenen heterogene und zusammengesetzte Farben. Denn letztere sind immer aus Farben homogenen Lichts zusammengesetzt, wie in der Folge erhellen wird.

Axiome [3]).

Axiom 1. Reflexions- und Brechungswinkel liegen mit dem Einfallswinkel in derselben Ebene.

Axiom 2. Der Reflexionswinkel ist gleich dem Einfallswinkel.

Axiom 3. Wenn der gebrochene Strahl direct zum Einfallspunkt zurückgeworfen wird, so gelangt er in die vorher vom einfallenden Strahle beschriebene Linie [4]).

Axiom 4. Brechung aus dem dünneren Medium in das dichtere erfolgt gegen die Senkrechte hin, d. h. so, dass der Brechungswinkel kleiner ist, als der Einfallswinkel.

Axiom 5. Der Sinus des Einfalls steht entweder genau oder doch sehr nahe in einem gegebenen Verhältnisse zum Sinus der Brechung.

Wenn man also dieses Verhältniss für irgend eine Neigung des einfallenden Strahles kennt, so ist es für alle Neigungen bekannt, und somit ist für jedes Auftreffen auf den nämlichen brechenden Körper die Brechung bestimmt. So verhält sich für rothes Licht der Sinus des Einfalls zum Sinus der Brechung, wie 4 : 3, wenn die Brechung aus Luft in Wasser stattfindet, aus Luft in Glas wie 17 : 11. Bei Licht von anderen Farben haben die Sinus andere Verhältnisse, doch ist der Unterschied so gering, dass er selten in Betracht gezogen zu werden braucht.

Gesetzt daher, RS in Fig. 1 stelle die Oberfläche ruhigen Wassers vor und C sei der Incidenzpunkt, wo irgend ein aus A in der Luft auf dem Wege AC ankommender Strahl reflectirt oder gebrochen wird, und ich wollte wissen, wohin dieser Strahl nach der Reflexion oder Brechung gehen wird, so errichte ich auf der Oberfläche des Wassers im Einfallspunkte C die Senkrechte CP und schliesse nach dem 1. Axiom, dass nach der Reflexion oder Brechung der Strahl irgendwo

in der erweiterten Ebene des Einfallswinkels ACP gefunden
werden muss. Ich fälle deshalb auf die Senkrechte CP die

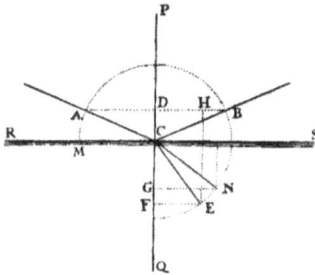

Sinuslinie des Einfalls AD;
wenn der reflectirte Strahl
verlangt wird, verlängere ich
AD bis B soweit, dass DB
$=AD$, und ziehe CB. Diese
Linie CB wird der reflectirte
Strahl sein, da der Reflexionswinkel BCP und sein Sinus
BD dem Einfallswinkel und
Einfallssinus gleich sind, wie
dies nach dem 2. Axiom sein
muss. Wenn aber der ge-
brochene Strahl verlangt wird,

Fig. 1.

verlängere ich AD bis H so, dass DH sich zu AD verhält, wie der Sinus der Brechung zum Sinus des Einfalls,
d. h. (wenn das Licht rothes ist) wie $3:4$, beschreibe um
C als Centrum in der Ebene ACP einen Kreis mit Radius
CA, ziehe parallel zur Senkrechten CPQ die Linie HE,
welche die Peripherie in E schneidet, und verbinde E mit
C, so wird CE die Linie des gebrochenen Strahles sein. Denn
fällt man die Senkrechte EF auf PQ, so wird EF der
Brechungssinus des Strahles CE sein, da ECQ der Brechungswinkel ist; EF ist aber gleich DH, verhält sich also zum
Sinus des Einfalls AD, wie $3:4$.

Ebenso, wenn nach der Brechung des Lichts gefragt wird,
welches durch ein Prisma von Glas geht (d. i. ein Glas, begrenzt von 2 gleichen und parallelen dreiseitigen Endflächen
und 3 ebenen und gut polirten Seitenflächen, die sich in 3

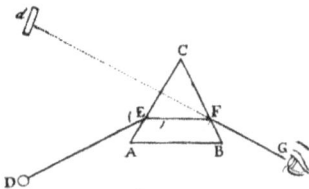

parallelen, die Ecken jener
beiden Dreiecke verbindenden
Geraden schneiden), so sei
ACB in Fig. 2 eine Ebene,
die das Prisma senkrecht zu
den 3 parallelen Linien oder
Flächen da schneidet, wo das
Licht durch dasselbe geht,
und DE sei der Strahl, der
auf die erste Seite AC des

Fig. 2.

Prismas fällt, wo das Licht in das Glas eintritt; dann findet
man aus dem Verhältnisse des Einfallssinus zum Brechungssinus

17 : 11 den ersten gebrochenen Strahl *EF*. Diesen Strahl nimmt man alsdann als Einfallsstrahl für die zweite Seite *BC* des Glases, wo das Licht austritt, und findet den gebrochenen Strahl *FG*, indem man den Einfallssinus zum Brechungssinus wie 11 : 17 setzt. Denn wenn der Sinus des Einfalls aus Luft in Glas zum Sinus der Brechung sich wie 17 : 11 verhält, so muss umgekehrt der Sinus des Einfalls aus Glas in Luft zum Sinus der Brechung nach dem 3. Axiom im Verhältniss 11 : 17 stehen.

Wenn ebenso *ACBD* in Fig. 3 ein auf beiden Seiten convexes sphärisches Glas vorstellt (gewöhnlich Linse genannt,

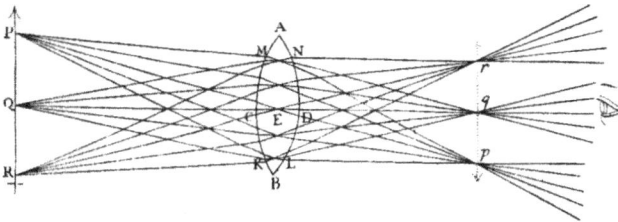

Fig. 3.

wie ein Brennglas ein solches ist, oder ein Brillenglas oder ein Objectiv eines Fernrohrs), und man wissen will, wie das von einem leuchtenden Punkte *Q* darauf fallende Licht gebrochen wird, so stelle *QM* einen auf irgend einen Punkt *M* der ersten sphärischen Fläche *ACB* auffallenden Strahl vor; errichtet man im Punkte *M* die Senkrechte auf dem Glase, so findet man aus dem Verhältnisse der Sinus 17 : 11 den ersten gebrochenen Strahl. Dieser Strahl falle beim Austritt aus dem Glase auf *N*, und man findet den zweiten gebrochenen Strahl *Nq* durch das Verhältniss der Sinus 11 : 17. Auf dieselbe Weise ergiebt sich die Brechung, wenn die Linse auf einer Seite convex, auf der andern plan oder concav, oder beiderseits concav ist.

Axiom 6. Homogene Strahlen, die von verschiedenen Punkten eines Objects her senkrecht oder fast senkrecht auf eine reflectirende oder brechende ebene oder sphärische Fläche treffen, werden nachher von ebenso vielen anderen Punkten aus divergiren oder ebenso vielen anderen Linien parallel sein, oder nach ebenso vielen anderen Punkten convergiren, ent-

weder genau oder ohne merklichen Fehler. Und das Nämliche wird eintreten, wenn die Strahlen von 2, 3 oder mehr
ebenen oder sphärischen Flächen nach einander reflectirt oder
gebrochen werden.

Der Punkt, von welchem aus die Strahlen divergiren, oder
nach welchem hin sie convergiren, mag ihr Brennpunkt,
Focus, heissen. Wenn der Brennpunkt der einfallenden
Strahlen gegeben ist, kann der Brennpunkt der reflectirten
oder gebrochenen Strahlen durch Ermittelung der Brechung
von irgend zwei Strahlen, wie oben, gefunden werden, oder
leichter auf folgende Weise.

1. Fall. In Fig. 4 sei ACB eine reflectirende oder brechende Ebene und Q der Brennpunkt der einfallenden Strahlen, QqC ein Loth auf der Ebene. Wird
dieses bis q so verlängert, dass $qC = QC$,
so wird der Punkt q der Brennpunkt der
reflectirten Strahlen sein. Oder wenn qC
auf derselben Seite der Ebene genommen
wird, wie QC, und in dem Verhältniss zu
QC, wie der Sinus des Einfalls zum Sinus
der Brechung, so wird q der Brennpunkt der gebrochenen
Strahlen sein.

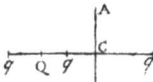

Fig. 4.

2. Fall. In Fig. 5 sei ACB eine reflectirende Kugelfläche und E ihr Centrum. Man halbire irgend einen ihrer
Radien, z. B. EC, in T. Nimmt
man alsdann auf diesem Radius,
auf der Seite des Punktes T, die
Punkte Q und q so an, dass
TQ, TE und Tq eine stetige
Proportion bilden, so wird, wenn
Q der Brennpunkt der einfallen-
den Strahlen ist, q der der reflectirten sein.

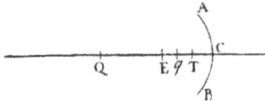

Fig. 5.

3. Fall. In Fig. 6 sei ACB eine brechende Kugelfläche
mit dem Centrum E.
Auf einem nach bei-
den Seiten hin ver-
längerten Radius EC
derselben nehme man
ET und Ct einander
gleich und so an, dass
jedes einzeln sich zum Radius verhält, wie der kleinere der
beiden Sinus des Einfalls und der Brechung zur Differenz

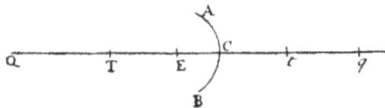

Fig. 6.

dieser Sinus. Wenn man alsdann auf der nämlichen Linie zwei
Punkte Q und q dergestalt findet, dass $TQ : ET = Et : tq$,
und wenn Q der Brennpunkt der einfallenden Strahlen ist,
so wird q der Brennpunkt der gebrochenen sein [5]).

Auf die nämliche Weise kann der Brennpunkt der Strahlen nach zwei oder mehr Reflexionen oder Brechungen gefunden werden.

4. Fall. In Fig. 7 sei $ACBD$ eine brechende sphärisch-
convexe oder -concave oder auch einerseits ebene Linse und
CD ihre Axe (d. h.
die ihre beiden
Oberflächen senk-
recht schneidende,
durch die Kugel-
mittelpunkte ge-
hende Gerade); auf

Fig. 7.

dieser verlängerten Axe seien F und f die Brennpunkte derjenigen gebrochenen Strahlen, die nach dem Vorhergehenden
gefunden werden, wenn die einfallenden Strahlen auf beiden
Seiten dieser nämlichen Axe parallel sind. Ueber dem in E
halbirten Durchmesser Ff beschreibe man einen Kreis. Angenommen nun, irgend ein Punkt Q sei der Brennpunkt der
einfallenden Strahlen, so ziehe man QE, die den Kreis in T
und t schneidet, und bestimme auf ihr tq so, dass es sich zu
tE verhält, wie tE oder TE zu TQ. Liegt nun tq auf der
entgegengesetzten Seite von t, wie TQ von T liegt, so wird
ohne merklichen Fehler q der Brennpunkt der gebrochenen
Strahlen sein, wofern nicht der Punkt Q so weit von der
Axe entfernt oder die Linse so dick ist, dass ein Theil der
Strahlen allzu schief auf die brechenden Flächen fällt.

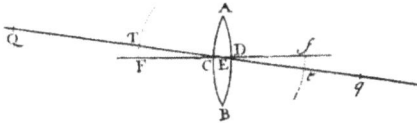

Durch ähnliche Operationen kann man, wenn die beiden
Brennpunkte gegeben sind, die reflectirenden oder brechenden
Oberflächen finden und somit eine Linse construiren, durch
welche die Strahlen von einem beliebigen Punkte weg oder
nach einem beliebigen Punkte hin gelangen können.

Der Sinn dieses Axioms ist also folgender: Wenn Strahlen
auf eine ebene oder sphärische Fläche oder eine Linse fallen
und vor ihrem Auftreffen von oder nach einem Punkte Q
gehen, so werden sie nach ihrer Reflexion oder Brechung von
oder nach dem Punkte q gehen, der nach vorstehenden Regeln zu finden ist. Und wenn die einfallenden Strahlen von
verschiedenen Punkten Q herkommen oder nach solchen hin-

gehen, so werden die reflectirten oder gebrochenen Strahlen
von oder nach ebenso vielen verschiedenen Punkten q gehen,
die nach den nämlichen Regeln zu finden sind. Ob die reflectirten oder gebrochenen Strahlen von q kommen oder
nach q gelangen, ist leicht aus der Lage des Punktes zu erkennen; denn wenn dieser Punkt mit Q auf der nämlichen
Seite der reflectirenden oder brechenden Fläche oder der Linse
liegt und die einfallenden Strahlen von Q kommen, so gelangen die reflectirten nach q und die gebrochenen kommen
von q; und wenn die einfallenden Strahlen nach Q hingehen,
so kommen die reflectirten von q und die gebrochenen gehen
nach q. Das Umgekehrte tritt ein, wenn Q und q auf verschiedenen Seiten jener Fläche liegen.

Axiom 7. Wo immer die von allen Punkten eines Objects kommenden Strahlen, nachdem sie durch Reflexion oder
Brechung convergent gemacht sind, in ebenso vielen Punkten
zusammentreffen, da erzeugen sie auf einem weissen Körper,
auf den sie fallen, ein Bild des Objects.

Wenn z. B. PR in Fig. 3 irgend ein Object ausserhalb
des Zimmers vorstellt und AB eine in einer Oeffnung des
Fensterladens des verdunkelten Zimmers angebrachte Linse ist,
durch welche die von einem Punkte Q jenes Objects kommenden Strahlen convergent gemacht und in q vereinigt werden,
so wird auf einem Bogen weissen Papiers, den man bei q in
das darauf fallende Licht hält, ein Bild dieses Objects, PR,
in seiner wirklichen Gestalt und Farbe erscheinen. Denn so
wie das vom Punkte Q ausgehende Licht nach q gelangt,
kommt das von anderen Punkten, P und R, des Objects nach
ebenso vielen entsprechenden Punkten p und r (wie aus dem
6. Axiom erhellt), so dass jeder Punkt des Objects einen entsprechenden Punkt des Bildes erleuchtet und ein dem Objecte
in Gestalt und Farben ähnliches Bild erzeugt, mit dem einzigen
Unterschiede, dass das Bild verkehrt sein wird. Dies ist der
Grund für das bekannte Experiment, in einem dunklen Zimmer
von einem ausserhalb befindlichen Gegenstande ein Bild auf
einer Wand oder einem Bogen weissen Papiers zu entwerfen.

Ebenso wird, wenn wir ein Object PQR (Fig. 8) betrachten, das von verschiedenen Punkten desselben kommende
Licht durch die durchsichtigen Häute und Feuchtigkeiten des
Auges (nämlich durch die äussere Haut EFG, Cornea genannt, und durch die hinter der Pupille mk gelegene krystallinische Feuchtigkeit AB) dergestalt gebrochen, dass seine

Strahlen convergiren und sich im Hintergrunde des Auges in
ebenso vielen Punkten vereinigen und dort das Bild des Objects auf der Netzhaut (Retina genannt) erzeugen, mit welcher

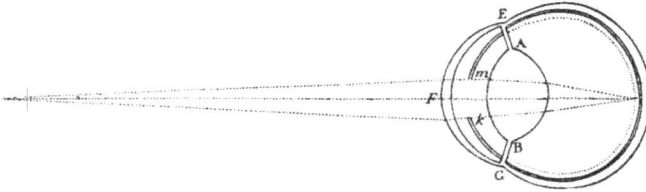

Fig. 8.

der Hintergrund des Auges bedeckt ist. Denn wenn der
Anatom von der Hinterseite des Auges die äussere dickste
Haut, welche Sclerotica [dura mater] heisst, abhebt, so kann
er durch die dünneren Häute hindurch die Bilder der Gegenstände ganz deutlich auf der Retina sehen. Darin, dass diese
Bilder durch die Erregung des Sehnerven dem Gehirne mitgetheilt werden, beruht das Sehen. Je nachdem diese Bilder
vollkommen oder unvollkommen sind, wird der Gegenstand
deutlich oder undeutlich gesehen. Ist das Auge mit einer
Farbe behaftet (wie z. B. bei der Gelbsucht), so dass die Bilder
auf dem Hintergrunde des Auges gefärbt sind, so erscheinen
alle Gegenstände in der nämlichen Farbe. Wenn im höheren
Alter die Feuchtigkeiten des Auges trockener werden, so dass
durch Zusammenschrumpfen die Cornea und die Haut um die
krystallinische Feuchtigkeit flacher werden, als vorher, so
wird das Licht nicht genügend stark gebrochen und con-
vergirt somit nicht nach dem Hintergrunde des Auges, sondern nach einem Punkte hinter demselben, und erzeugt in-
folge dessen auf der Retina ein verworrenes Bild, und das
Object wird zufolge der Undeutlichkeit des Bildes ebenfalls
verworren erscheinen. Dies ist der Grund der Gesichts-
schwäche bei alten Leuten und zeigt, warum das Sehen bei
ihnen durch Brillen verbessert werden kann. Denn convexe
Gläser ersetzen den Mangel der Wölbung des Auges und
bringen, indem sie die Brechung vermehren, die Strahlen eher
zur Convergenz, so dass sie bei der richtigen Convexität des
Glases genau auf dem Hintergrunde des Auges zusammentreffen. Das Gegentheil tritt bei Kurzsichtigen ein, deren

Augen zu stark gewölbt sind. Da hier die Brechung zu gross
ist, convergiren die Strahlen nach einem vor der Netzhaut
gelegenen Punkte, und deshalb wird das Bild auf dem Hintergrunde des Auges und die dadurch verursachte Gesichts-
wahrnehmung undeutlich, ausser wenn das Object so nahe
an das Auge gehalten wird, dass der Convergenzpunkt bis
auf die Retina gerückt wird, oder wenn die [zu grosse] Wölbung des Auges beseitigt und die Brechung durch ein concaves Glas von richtigem Grade der Concavität beseitigt wird,
oder endlich, wenn bei zunehmendem Alter das Auge flacher
wird, bis es die richtige Gestalt hat: denn kurzsichtige Leute
sehen entfernte Objecte am besten im Alter, und deshalb
gelten sie für solche, deren Augen am meisten ausdauern.

Axiom 8. Ein durch Reflexion oder Brechung gesehenes
Object erscheint an der Stelle, von welcher aus die Strahlen
nach ihrer letzten Reflexion oder Brechung divergiren, um in
das Auge des Beobachters zu fallen.

Wenn das Object *A* in Fig. 9 durch Reflexion in einem
Spiegel erblickt wird, so erscheint es nicht an seinem eigent-

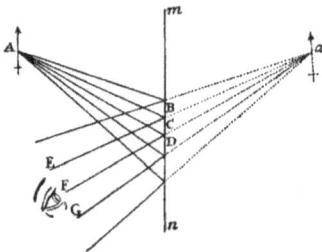

Fig. 9.

lichen Orte *A*, sondern hinter dem Spiegel bei *a*; von
hier aus divergiren Strahlen
wie *AB*, *AC*, *AD*, die
von einem und demselben
Punkte des Objects kom-
men, nach ihrer in *B*, *C*, *D*
erfolgten Reflexion und gehen vom Glase weg nach
E, *F*, *G*, wo sie in das
Auge des Beobachters fal-
len. Denn diese Strahlen
rufen im Auge das näm-
liche Bild hervor, als seien sie ohne Zwischenstellung des
Spiegels von einem wirklich bei *a* befindlichen Objecte gekommen, und alles Sehen erfolgt entsprechend dem Orte und
der Gestalt eines solchen Bildes.

Ebenso erscheint das Object *D* in Fig. 2, durch ein
Prisma gesehen, nicht an seinem eigentlichen Orte *D*, sondern
ist nach einem anderen Orte *d* versetzt, welcher in der Richtung des letzten gebrochenen, von *F* nach *d* rückwärts verlängerten Strahles liegt.

So erscheint das durch die Linse *AB* (Fig. 10) erblickte

Object Q am Orte q, von dem aus die durch die Linse ins Auge gelangenden Strahlen divergiren. Nun ist zu beachten, dass das Bild des Objects in q so vielmal grösser oder kleiner ist, wie das Object selbst, als die Entfernung des Bildes in q von der Linse AB grösser oder kleiner ist, wie die zwischen Object und Linse. Wenn das Object durch

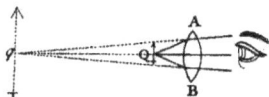

Fig. 10.

zwei oder mehr solcher convexer oder concaver Gläser gesehen wird, so wird jedes Glas ein neues Bild erzeugen, und das Object wird an dem Orte und in der Grösse des letzten Bildes erscheinen. Auf diese Betrachtung stützt sich die Theorie der Mikroskope und Fernrohre, denn diese besteht in fast nichts anderem, als Gläser so zu construiren, dass sie das letzte Bild eines Objects so deutlich, gross und hell als möglich machen.

So habe ich nun in den Axiomen und ihren Erläuterungen alles das gegeben, was bisher in der Optik festgestellt worden ist. Ich begnüge mich, das, was allgemein anerkannt worden ist, gegenüber dem, was ich noch zu schreiben habe, unter den Begriff von Principien zu rechnen. Es wird genügen als Einleitung für Leser von scharfem Verstande und guter Auffassung, welche noch nicht in der Optik bewandert sind; leichter allerdings werden Diejenigen das Nachfolgende begreifen, die mit dieser Wissenschaft schon vertraut sind und mit Gläsern zu thun gehabt haben.

Propositionen.

Prop. I. Lehrsatz 1.

Licht von verschiedener Farbe besitzt auch einen verschiedenen Grad von Brechbarkeit.

Beweis durch Versuche.

1. Versuch. Ich nahm ein längliches Stück steifen, schwarzen Papiers mit parallelen Seiten und bezeichnete darauf durch eine senkrecht zu beiden Seiten gezogene Querlinie zwei gleiche Theile. Die eine Hälfte bemalte ich mit rother, die andere mit blauer Farbe. Das Papier war sehr schwarz, und die Farben intensiv und dick aufgetragen, damit die Er-

scheinung deutlicher werde. Dieses Papier betrachtete ich
durch ein massives Glasprisma, von dem die zwei Seiten, durch
die das Licht ins Auge gelangte, eben und gut polirt waren
und einen Winkel von ungefähr 60° mit einander bildeten,
einen Winkel, den ich den b r e c h e n d e n W i n k e l d e s P r i s m a s
nenne. Bei der Beobachtung hielt ich das Papier und das
Prisma so vor ein Fenster, dass die Längsseiten des Papiers
den Kanten des Prismas parallel und beide, sowie auch die
Querlinie, horizontal waren, und dass das vom Fenster auf das
Papier fallende Licht mit diesem denselben Winkel bildete,
wie das von dem Papierstreifen nach dem Auge reflectirte
Licht. Jenseit des Prismas [vom Auge aus gesehen] war die
Zimmerwand unter dem Fenster gänzlich mit schwarzem Tuche
bekleidet und dieses so in Dunkelheit gehüllt, dass kein Licht
von da reflectirt wurde und sich etwa, an den Rändern des
Papiers vorüber nach dem Auge gelangend, mit dem vom
Papiere selbst kommenden Lichte vermischen und dadurch die
Erscheinung verwirren konnte. Bei dieser Anordnung fand
ich, wenn der brechende Winkel des Prismas nach oben gerichtet war, so dass das Papier durch die Brechung empor-
gehoben erschien, dass seine blaue Hälfte durch die Brechung
höher gehoben schien, als seine rothe. Wird aber der brechende Winkel des Prismas nach unten gekehrt, so dass das
Papier durch die Brechung nach unten verschoben scheint,
so wird die blaue Hälfte
etwas niedriger erscheinen,
als die rothe. Es erfährt
also in beiden Fällen das
von der blauen Papier-
hälfte durch das Prisma
in das Auge gelangende
Licht unter sonst gleichen
Umständen eine stärkere
Brechung, als das von der
rothen Hälfte kommende,
und ist folglich s t ä r k e r
b r e c h b a r.

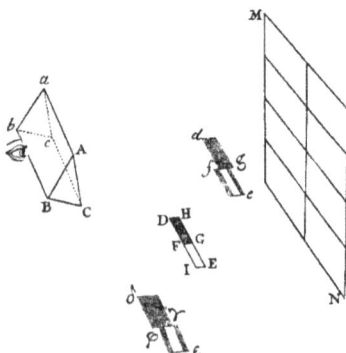

Fig. 11.

In Fig. 11 stellt MN
das Fenster vor, DE das
Papier mit den parallelen
Seiten DJ und HE, und ist durch die Querlinie FG in
zwei Hälften getheilt, von denen DG intensiv blau, die

andere FE intensiv roth ist. $BACcab$ ist das Prisma, dessen brechende Ebenen $ABba$ und $ACca$ sich in der brechenden Kante Aa schneiden. Diese liegt oben und ist sowohl zum Horizont, als zu den beiden Seiten DJ und HE des Papiers parallel, und die Querlinie FG liegt senkrecht zur Ebene des Fensters. Weiter stellt de das Bild des Papiers vor, welches durch die Brechung in der Weise empor-gehoben erscheint, dass die blaue Hälfte DG höher, bis dg, gehoben wird, als die rothe FE, die in fe erscheint; also erfährt die blaue stärkere Brechung. Ist der brechende Winkel unten, so wird das Bild des Papiers nach unten ge-brochen, etwa nach $\delta\varepsilon$, und die blaue Hälfte des Papiers noch tiefer, bis $\delta\gamma$, als die rothe, die bei $\varphi\varepsilon$ erscheint.

2. Versuch. Um das erwähnte Papier, dessen beide Hälften mit Roth und Blau bemalt waren und welches steif, wie dünne Pappe, war, wickelte ich einen dünnen Faden sehr schwarzer Seide mehrmals herum, so dass die einzelnen Theile des Fadens wie ebenso viele schwarze Linien auf den Farben erschienen oder wie lange, dünne, darauf fallende dunkle Schatten. Ich hätte mit einer Feder schwarze Linien darauf ziehen können, aber die Fäden waren feiner und schärfer begrenzt. Das so gefärbte und liniirte Papier befestigte ich nun an einer Wand senkrecht zum Horizont so, dass eine der Farben rechts, die andere links zu liegen kam. Dicht vor das Papier, an die untere Grenze der Farben, stellte ich eine Kerze, um das Papier stark zu beleuchten, denn der Versuch wurde in der Nacht angestellt. Die Flamme der Kerze reichte bis an das untere Ende des Papiers hinauf, oder ein wenig höher. Dann stellte ich 6 Fuss und 2—3 Zoll von dem Papier entfernt in dem Zimmer eine $4\frac{1}{4}$ Zoll fassende Linse auf, welche die von den verschiedenen Punkten des Papiers kommenden Strahlen sammeln und jenseits der Linse in der nämlichen Entfernung von 6 Fuss und 2—3 Zoll in ebenso vielen Punkten zur Convergenz bringen und so ein Bild des farbigen Papiers auf ein weisses Papier werfen sollte in derselben Weise, wie eine in die Fensteröffnung eingesetzte Linse das Bild der aussen befindlichen Objecte auf einen weissen Papier-bogen wirft. Das erwähnte weisse Papier, welches senkrecht zum Horizont und senkrecht zu den von der Linse darauf fallenden Strahlen aufgestellt war, rückte ich von Zeit zu Zeit näher oder ferner der Linse, um die Orte aufzufinden, wo die Bilder des blauen und des rothen Theiles des farbigen Papiers

am deutlichsten erschienen. Diese Orte erkannte ich leicht
mit Hülfe der Bilder der schwarzen, durch die umgewickelte
Seide hergestellten Linien. Denn die Bilder dieser feinen Linien, die wegen ihrer Schwärze wie Schatten auf den Farben
erschienen, waren undeutlich und kaum sichtbar, wenn nicht
die Farben zu beiden Seiten jeder Linie ganz deutlich bestimmt waren. Indem ich nun, so genau ich konnte, die Orte
beobachtete, wo die Bilder der rothen und der blauen Papier-
hälfte am schärfsten waren, fand ich, dass da, wo das Roth
am deutlichsten war, das Blau so undeutlich erschien, dass
man die schwarzen Linien darauf kaum sehen konnte, und
umgekehrt: wo das Blau am deutlichsten war, erschien das
Roth undeutlich und seine schwarzen Linien waren kaum
sichtbar. Zwischen diesen zwei Stellen der grössten Deut-
lichkeit war ein Abstand von etwa $1\frac{1}{2}$ Zoll, und zwar war
die Entfernung des weissen Papiers von der Linse dann, wenn
die rothe Hälfte des farbigen Papiers, das deutlichste Bild
gab, um $1\frac{1}{2}$ Zoll grösser als die Entfernung desselben weissen
Papiers von der Linse, wenn das Bild der blauen Hälfte am
schärfsten erschien. Mithin wurde bei gleichem Einfalle des
Blau und Roth auf die Linse das Blau durch diese so viel
stärker gebrochen, dass es um $1\frac{1}{2}$ Zoll näher convergirte; also
ist Blau stärker brechbar.

In Fig. 12 bezeichne DE das farbige Papier, DG die
blaue, FE die rothe Hälfte, MN die Linse, HI das weisse

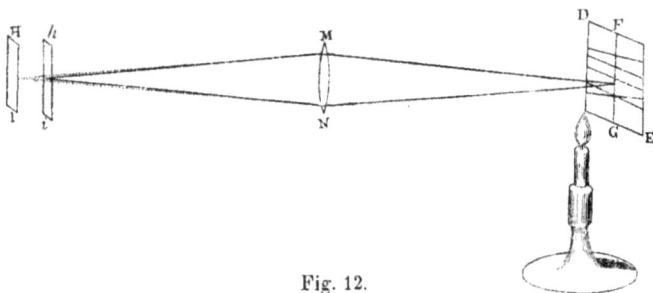

Fig. 12.

Papier an der Stelle, wo die rothe Hälfte mit ihren schwarzen Linien am deutlichsten war, und hi dasselbe Papier an
der Stelle, wo die blaue Hälfte am deutlichsten erschien. Der
Ort hi war der Linse MN um $1\frac{1}{2}$ Zoll näher, als HI.

Scholie. Auch bei Abänderung einiger Umstände tritt dasselbe ein; so im ersten Versuche, wenn Prisma und Papier irgendwie gegen den Horizont geneigt, und bei beiden Versuchen, wenn farbige Linien auf sehr schwarzes Papier gezeichnet werden. Indessen habe ich bei Beschreibung dieser Versuche solche Umstände angewendet, dass entweder die Erscheinung deutlicher wird, oder ein Neuling den Versuch machen kann, oder diejenigen Umstände, unter denen allein ich selbst ihn angestellt habe. Ebenso habe ich es oft bei den folgenden Versuchen gehalten: es möge genügen, ein für allemal daran erinnert zu haben. Nun folgt aus diesen Versuchen nicht, dass alles blaue Licht brechbarer ist, als alles Licht aus dem Roth, denn beide sind aus verschieden brechbaren Strahlen gemischt, dergestalt, dass es im Roth Strahlen giebt, die nicht weniger brechbar sind, als solche im Blau, und im Blau es deren giebt, die nicht brechbarer sind, als solche aus dem Roth; aber dies sind im Verhältniss zum ganzen Licht nur wenige Strahlen; sie können zwar den Erfolg des Versuchs beeinträchtigen, nicht aber vernichten. Denn wenn die rothen und blauen Farben matter und schwächer wären, würde der Abstand der Bilder weniger als $1\frac{1}{2}$ Zoll betragen, und wenn sie intensiver und kräftiger wären, würde er grösser sein, wie man in der Folge sehen wird. Diese Versuche mögen genügen, hinsichtlich der Farben natürlicher Körper. Hinsichtlich der durch Brechung im Prisma entstehenden Farben wird diese Proposition durch die in der nächsten folgenden Versuche klar werden.

Prop. II. Lehrsatz 2.

Das Licht der Sonne besteht aus Strahlen verschiedener Brechbarkeit.

Beweis durch Versuche.

3. Versuch. In einem ganz dunklen Zimmer stellte ich ein Glasprisma vor eine runde, etwa $\frac{1}{3}$ Zoll breite Oeffnung, die ich in den Fensterladen gemacht hatte, damit die in diese Oeffnung gelangenden Sonnenstrahlen aufwärts nach der gegenüberliegenden Wand gebrochen würden und dort ein farbiges Bild der Sonne entstünde. In diesem, wie bei den folgenden Versuchen war die Axe des Prismas (d. h. die durch die Mitte desselben von einem Ende zum anderen parallel der

Kante des brechenden Winkels gehende Linie) senkrecht zu
den einfallenden Strahlen. Um diese Axe drehte ich das
Prisma langsam und sah dabei das gebrochene Bild an der
Wand, also das farbige Sonnenbild, auf- und absteigen. Wenn
das Bild zwischen dem Auf- und Absteigen still zu stehen
schien, hielt ich an und befestigte das Prisma in dieser Stellung so, dass es sich nicht weiter bewegen konnte. Denn in
dieser Stellung waren die Brechungen des Lichts zu beiden
Seiten des brechenden Winkels, d. h. beim Eintritt und Austritt der Strahlen aus dem Prisma, einander gleich. So stellte
ich auch bei anderen Versuchen, so oft ich die Brechungen
zu beiden Seiten des Prismas einander gleich haben wollte,
den Ort fest, wo das durch das gebrochene Licht entstandene
Sonnenbild zwischen seinen zwei entgegengesetzten Bewegungen,
im Wechsel zwischen Vor- und Rückwärtsgehen, still stand,
und befestigte das Prisma, sobald das Bild auf diese Stelle
fiel. Bei den folgenden Versuchen ist immer anzunehmen,
wenn nicht ausdrücklich eine andere Stellung angegeben ist,
dass alle Prismen in diese Stellung, als die passendste, gebracht sind. In dieser Stellung des Prismas also liess ich
das gebrochene Licht senkrecht auf einen Bogen weissen Papiers an der gegenüberliegenden Wand des Zimmers fallen
und beobachtete Gestalt und Dimensionen des durch das
Licht auf dem Papier entstehenden Sonnenbildes. Dasselbe
war länglich, aber nicht oval, sondern von zwei geradlinigen,
parallelen Seiten und an den Enden von zwei Halbkreisen
begrenzt. An seinen Seiten war es ganz deutlich begrenzt,
aber an den Enden verworren und undeutlich, indem das Licht
dort immer matter wurde und allmählich verschwand. Die
Breite dieses Bildes entsprach dem Durchmesser der Sonne
und betrug einschliesslich des Halbschattens etwa $2\frac{1}{8}$ Zoll.
Das Bild war nämlich $18\frac{1}{2}$ Fuss vom Prisma entfernt, und
in diesem Abstande entsprach die um den Durchmesser der
Oeffnung im Laden, d. i. um $\frac{1}{4}$ Zoll verminderte Bildbreite
am Prisma einem Winkel von ungefähr $\frac{1}{2}^0$, welches der schein-
bare Sonnendurchmesser ist. Die Länge des Bildes dagegen
betrug ungefähr $10\frac{1}{4}$ Zoll und die Länge der geradlinigen
Seiten etwa 8 Zoll; der brechende Winkel des Prismas, durch
das eine so grosse Länge entstand, war 64°. Bei kleinerem
Winkel war auch die Länge des Bildes kleiner, während die
Breite dieselbe blieb. Wurde das Prisma um seine Axe nach
der Seite hin gedreht, wo die Strahlen schiefer aus der zweiten

brechenden Fläche austraten, so wurde das Bild alsbald 1 bis
2 Zoll länger, und drehte man das Prisma nach der anderen
Seite, so dass die Strahlen schiefer auf die erste brechende
Fläche fielen, so wurde das Bild alsbald 1 bis 2 Zoll kürzer.
Deshalb war ich bei diesen Versuchen, so gut ich konnte,
sorgfältig darauf bedacht, das Prisma nach den oben gegebenen
Regeln in solche Stellung zu bringen, dass beim Ein- und
Austritte der Strahlen die Brechung dieselbe war. Das Prisma
hatte einige das Glas von einem Ende zum anderen durch-
ziehende Adern, welche gewisse Theile des Sonnenlichts unregelmässig zerstreuten, aber keinen merklichen Einfluss auf
die Länge des Farbenspectrums hatten; denn ich stellte den
nämlichen Versuch mit zwei anderen Prismen an und hatte
denselben Erfolg; und besonders mit einem von derartigen
Adern gänzlich freien Prisma, dessen brechender Winkel $62\frac{1}{2}°$
war, fand ich die Länge des Bildes bei $18\frac{1}{2}$ Fuss Entfernung
vom Prisma $9\frac{3}{4}$ bis 10 Zoll, während die Breite der Oeffnung
im Fensterladen, wie vorher, $\frac{1}{4}$ Zoll war. Da man beim Ein-
stellen des Prismas in die richtige Lage leicht einen Irrthum
begehen kann, so wiederholte ich die Versuche 4 bis 5 Mal
und fand immer die Länge des Bildes so, wie ich sie angegeben habe. Bei einem anderen Prisma von reinerem Glase
und besserer Politur, welches frei von Adern schien und einen
brechenden Winkel von $63\frac{1}{2}°$ besass, war die Länge des Bildes in demselben Abstande von $18\frac{1}{2}$ Fuss ebenfalls ungefähr
10 bis $10\frac{1}{8}$ Zoll. Etwa $\frac{1}{4}$ bis $\frac{1}{3}$ Zoll über diese Maasse hinaus
schien an beiden Enden des Spectrums das Licht der Wolken
ein wenig roth und violett gefärbt, doch so schwach, dass
ich vermuthete, diese Färbung möge wohl gänzlich oder doch
zum grossen Theile daher rühren, dass einige Strahlen des
Spectrums durch gewisse Ungleichheiten in der Substanz und
Politur des Glases unregelmässig zerstreut würden; und deshalb zog ich sie bei den Messungen nicht mit in Betracht.
Uebrigens verursachte weder die verschiedene Grösse der
Oeffnung im Fensterladen, noch die verschiedene Dicke des
Prismas an der Stelle, wo die Strahlen hindurchgingen, noch
auch eine verschiedene Neigung des Prismas gegen den Horizont
merkliche Aenderungen in der Länge des Bildes. Ebenso-
wenig die verschiedene Substanz, aus der das Prisma bestand;
denn in einem Gefässe aus geschliffenen, in Gestalt eines
Prismas zusammengekitteten Glasplatten, welches mit Wasser
gefüllt wurde, trat derselbe Erfolg des Experiments hinsicht-

lich der Stärke der Brechung ein [6]). Ferner ist zu beob-
achten, dass die Strahlen vom Prisma bis zum Bilde in
geraden Linien verlaufen und dass sie folglich bei ihrem
Austritte aus dem Prisma sämmtlich diejenige Neigung gegen
einander haben, welche die Länge des Bildes bedingt, d. i.
eine Neigung von mehr als $2\frac{1}{2}°$. Und doch könnten sie nach
den gewöhnlich angenommenen Gesetzen der Optik gar nicht
so sehr gegen einander geneigt sein. In Fig. 13 sei EG der

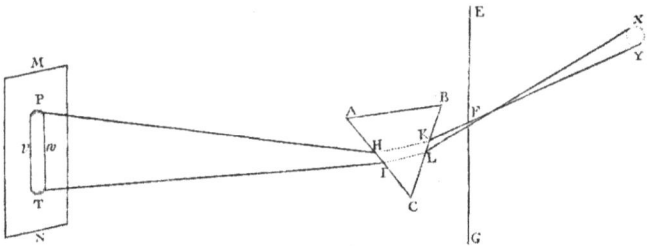

Fig. 13.

Fensterladen, F die Oeffnung darin, durch welche ein Bündel
Sonnenstrahlen in das dunkle Zimmer gelangt, und $\triangle ABC$
ein mitten in dem Lichte angenommener Durchschnitt des
Prismas. Oder es stelle, wenn man will, ABC das Prisma
selbst vor, wie es mit seiner näheren Endfläche gerade nach
dem Auge des Beschauers hinsieht, und sei XY die Sonne,
MN das Papier, auf welchem das Sonnenbild oder Spectrum
entworfen wird, und PT das Bild selbst. Die Seiten desselben
bei v und w sind geradlinig und parallel, und die Endflächen
bei P und T sind halbkreisförmig. Ferner seien $YKHP$
und $XLIT$ zwei Strahlen, deren ersterer, vom untersten
Theile der Sonne kommend, nach dem obersten Theile des
Bildes geht und im Prisma bei K und H gebrochen wird,
während der letztere, vom obersten Theile der Sonne her,
bei L und I gebrochen wird und nach dem untersten Theile
des Bildes gelangt. Da die Brechungen auf beiden Seiten
des Prismas einander gleich sind, d. h. die bei K gleich der
bei I, und die Brechung bei L gleich der bei H, so dass
die Brechungen der bei K und L einfallenden Strahlen zusammengenommen gleich sind den Brechungen der bei H und
I austretenden Strahlen zusammengenommen, so folgt, wenn
man Gleiches zu Gleichem addirt, dass die Brechungen bei

K und H zusammen so viel betragen, wie die bei I und L zusammengenommen; aus diesem Grunde haben die beiden gleich stark gebrochenen Strahlen nach der Brechung dieselbe Neigung gegeneinander, die sie vorher hatten, nämlich eine Neigung von $\frac{1}{2}^{\circ}$, entsprechend dem Sonnendurchmesser; denn so gross war der Winkel der Strahlen gegen einander vor der Brechung. So würde also nach den Regeln der gewöhnlichen Optik die Länge des Bildes PT einem Winkel von $\frac{1}{2}^{\circ}$ beim Prisma entsprechen und müsste folglich der Breite vw gleich sein, und das Bild würde rund sein. So würde sich die Sache verhalten, wenn die beiden Strahlen $XLIT$ und $YKHP$, sowie alle die anderen, die das Bild $PwTv$ bilden, gleich brechbar wären. Da nun aber der Versuch lehrt, dass das Bild nicht rund, sondern ungefähr 5 mal so lang als breit ist, so müssen die nach dem oberen Ende P des Bildes gelangenden und die grösste Ablenkung erleidenden Strahlen brechbarer sein, als die, welche zum unteren Ende T gelangen, es müsste denn die Ungleichheit der Brechung eine zufällige sein.

Das Bild oder Spectrum PT war nun farbig, und zwar an dem weniger gebrochenen Ende roth, am stärker gebrochenen violett, dazwischen aber gelb, grün und blau. Dies stimmt mit dem ersten Satze überein, dass Licht von verschiedener Farbe auch verschiedene Brechbarkeit besitzt. Die Länge des Bildes im letzten Versuche mass ich vom schwächsten und äussersten Roth an dem einen Ende bis zum schwächsten äussersten Blau am anderen, mit Ausnahme eines kleinen Halbschattens, der, wie gesagt, kaum $\frac{1}{4}$ Zoll überschritt.

4. Versuch. In die Sonnenstrahlen, die von der Oeffnung im Fensterladen her sich im Zimmer ausbreiteten, hielt ich, einige Fuss von der Oeffnung entfernt, das Prisma in solcher Stellung, dass seine Axe senkrecht zu dem Lichtbüschel war, blickte dann durch das Prisma nach der Oeffnung hin und drehte es um seine Axe hin und her, um das Bild der Oeffnung auf- und absteigen zu lassen, und hielt es fest, sobald das Bild mitten zwischen diesen beiden Bewegungen still zu stehen schien, damit die Brechungen auf beiden Seiten des brechenden Winkels, wie im vorigen Versuche, einander gleich würden. Als ich nun bei solcher Stellung des Prismas nach der Oeffnung hin blickte, bemerkte ich, dass die Länge ihres durch Brechung erzeugten Bildes viele Male grösser war, als seine Breite, und dass die am meisten gebrochene Seite

desselben violett erschien, die am wenigsten gebrochene roth,
die mittleren Theile der Reihe nach blau, grün, gelb. Dasselbe trat ein, wenn ich das Prisma aus den Sonnenstrahlen
herausrückte und durch dasselbe nach der vom Lichte der
Wolken erhellten Oeffnung blickte. Und doch hätte bei regel-
mässiger Brechung nach einem bestimmten Verhältnisse der
Sinus des Einfalls und der Brechung nach gewöhnlicher Annahme das gebrochene Bild rund erscheinen müssen.

So scheint denn nach diesen zwei Versuchen bei gleichem
Einfallen eine beträchtliche Ungleichheit der Refractionen ob-
zuwalten. Woher aber diese stammt, ob es constant oder zufällig eintritt, dass einige der einfallenden Strahlen mehr,
andere weniger gebrochen werden, oder dass ein und derselbe
Strahl durch die Brechung gestört, zerstreut und ausgebreitet
und gewissermassen gespalten und in eine Menge divergiren-
der Strahlen zersprengt wird, wie Grimaldo annimmt, — das
ergiebt sich aus diesem Versuche nicht, sondern wird erst
durch den folgenden erhellen.

5. Versuch. In Erwägung, dass, wenn im 3. Versuche das Bild der Sonne zu einer länglichen Gestalt auseinander gezogen wurde (sei es durch eine Verbreiterung jedes
Strahles, sei es durch eine andere zufällige Ungleichheit der
Brechungen), dass alsdann durch eine zweite, nach der Seite
hin stattfindende Brechung dasselbe längliche Bild ebensoviel
(durch die nämlichen Ursachen) in die Breite gezogen werden
würde, untersuchte ich, was denn die Folge einer zweiten
Brechung dieser Art sein würde. Zu diesem Zwecke ordnete
ich Alles so an, wie im dritten Versuche, und stellte nun
ein Prisma unmittelbar hinter das erste in eine dazu gekreuzte
Stellung, so dass es die aus dem ersten kommenden Lichtstrahlen abermals brechen musste. Das erste Prisma brach
die Lichtstrahlen nach oben, das zweite zur Seite. Alsdann
fand ich, dass durch die Brechung des zweiten Prismas die
Breite des Bildes nicht zunahm, dass aber sein oberer Theil,
der durch das erste Prisma eine stärkere Brechung erlitt und
violett und blau war, auch durch das zweite Prisma eine
stärkere Brechung erfuhr, als sein unterer Theil, der roth
und gelb war, und zwar ohne dass das Bild irgendwie in die
Breite gezogen wurde.

In Fig. 14 sei S die Sonne, F die Oeffnung im Fenster,
ABC das erste Prisma, DH das zweite, Y das bei Weg-
nahme der Prismen von einem geradeaus gehenden Lichtstrahle

erzeugte [in der Figur fortgelassene] runde Bild der Sonne, PT
das längliche Bild der Sonne, welches durch diese Lichtstrahlen
nach dem Durchgange durch das erste Prisma allein, unter
Weglassung des zweiten, entworfen wird, und pt das durch
die gekreuzten Brechungen beider Prismen erzeugte Bild. Wenn

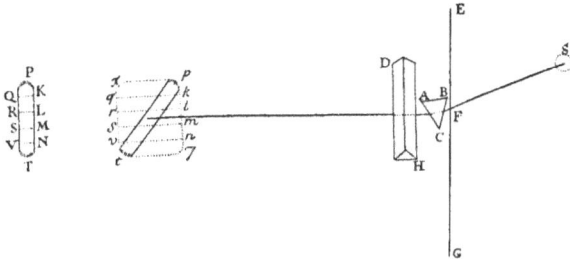

Fig. 14.

nun die nach den verschiedenen Punkten des runden Bildes Y
strebenden Strahlen durch die Brechung des ersten Prismas
ausgebreitet und zerstreut würden, so dass sie nicht mehr in
einzelnen verschiedenen Linien nach einzelnen verschiedenen
Punkten gingen, sondern dass jeder Strahl gespalten und zerstreut und aus einem linearen Strahle in eine Fläche diver-
girender Strahlen verwandelt würde, die von dem Punkte der
Brechung ausgingen und in der Ebene des Einfalls- und
Brechungswinkels lägen, dass also die Strahlen in diesen
Ebenen in ebenso vielen Linien von einem Ende des Bildes
PT zum andern verlaufen würden, und aus diesem Grunde
das Bild länglich würde, — wenn dies Alles so wäre, so
müssten diese Strahlen und ihre nach verschiedenen Punkten
des Bildes PT gerichteten einzelnen Theile noch einmal ausgebreitet und durch die Querbrechung des zweiten Prismas
seitwärts zerstreut werden, so dass sie ein quadratisches Bild
erzeugen würden, wie es in $\pi\zeta$ dargestellt ist. Zum besseren
Verständniss des Gesagten denke man sich das Bild PT in
fünf gleiche Theile PQK, $QKRL$, $LRSM$, $MSVN$
und NVT zerlegt. Durch die nämliche Unregelmässigkeit,
durch die das kreisförmige Bild Y, durch die Brechung des
ersten Prismas verbreitert, in ein langes Bild PT auseinander
gezogen wird, müsste das Licht PQK, welches einen Raum
von der Länge und Breite, wie Y, umfasst, durch die Brechung

des zweiten Prismas verbreitert und zu dem langen Bilde
$\pi q k p$ auseinandergezogen werden; ebenso das Licht $KQRL$
in das lange Bild $kqrl$, und die Lichtflächen $LRSM$,
$MSVN$, NVT in die langen Bilder $lrsm$, $msvn$, $nvt\zeta$,
und alle diese langen Bilder würden zusammen das quadratische
Bild $\pi\zeta$ geben. Dies würde eintreten, wenn jeder Strahl
durch Brechung ausgebreitet und in eine vom Brechungspunkte
ausgehende dreieckige Strahlenfläche zerlegt würde. Denn
die zweite Brechung würde die Strahlen ebensoviel nach der
einen Seite hin zerstreuen, wie die erste nach der andern
Seite, also das Bild ebensoviel in die Breite ziehen, wie es
die erste Brechung in die Länge zieht. Dasselbe müsste eintreten, wenn einige Strahlen zufällig stärker gebrochen würden,
als andere.

Aber die Sache verhält sich ganz anders. Das Bild PT
wurde durch die Brechung des zweiten Prismas nicht breiter,
sondern lieferte nur ein schräg stehendes Bild, wie es pt
darstellt, indem sein oberes Ende P durch die Brechung mehr
verschoben wurde, als sein unteres Ende T. Daher war das
nach dem oberen Ende P des Bildes gelangende Licht (bei
gleichem Einfall) im zweiten Prisma mehr gebrochen worden,
als das nach dem unteren Ende T gehende, d. h. das Blau
und Violett mehr, als das Roth und Gelb; jenes war also
stärker brechbar. Dasselbe Licht war schon durch die
Brechung im ersten Prisma weiter von dem Orte Y verschoben
worden, nach welchem es vor der Brechung gerichtet war,
erfuhr also sowohl im ersten, als im zweiten Prisma eine
stärkere Brechung, als alles übrige Licht, und war also selbst
vor dem Auftreffen auf das erste Prisma stärker brechbar,
als das andere.

Manchmal stellte ich noch ein drittes Prisma hinter das
zweite, und bisweilen sogar ein viertes hinter das dritte, damit das Licht durch alle diese Prismen wiederholt zur Seite
gebrochen werde; aber die Strahlen, die im ersten Prisma
stärker als die übrigen gebrochen waren, wurden auch in
allen übrigen stärker gebrochen, und zwar ohne eine seitliche Verbreiterung des Bildes; deshalb kann man solche
Strahlen, da sie constant stärkere Brechung erfahren, mit
vollem Rechte für brechbarer ansehen.

Damit aber der Zweck dieses Versuchs noch klarer
einleuchtet, muss man noch beachten, dass gleich brechbare
Strahlen auf einen der Sonnenscheibe entsprechenden Kreis

fallen; und dies war schon im 3. Versuche bewiesen worden. Unter Kreis verstehe ich hier nicht einen vollkommenen
geometrischen Kreis, sondern eine kreisähnliche Figur von
gleicher Länge und Breite, die für unsere Wahrnehmung wie
ein Kreis erscheint. Möge daher in Figur 15 AG den Kreis
vorstellen, den sämmtliche brechbarste Strahlen, die von der
ganzen Sonnenscheibe ausgehen, erleuchten und auf der gegenüberliegenden Wand
abbilden würden, wenn
sie ganz allein da wären,
EL den Kreis, den
ebenso alle die am
wenigsten brechbaren
Strahlen, wenn sie
allein wären, abbilden
würden, seien ferner
BH, CI, DK die
kreisförmigen Bilder
von ebensovielen da-
zwischen liegenden
Strahlenarten, wie sie
einzeln der Reihe nach,
die übrigen immer aus-

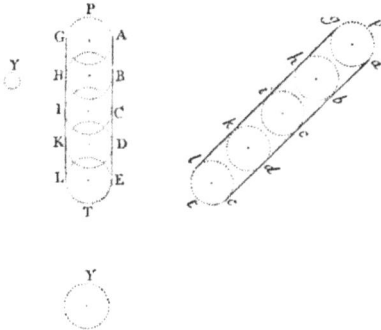

Fig. 15.

geschlossen, von der Sonne ausgegangen wären, und beachte
man noch, dass es dazwischen noch zahllose Kreise giebt, die
unzählige andere Lichtarten der Reihe nach auf die gegenüberliegende Wand werfen würden, wenn die Sonne jede Art
einzeln aussendete. Da wir nun sehen, dass die Sonne alle
diese Lichtarten zugleich aussendet, so müssen diese alle zusammen unzählige Bilder von gleichen Kreisen entwerfen;
aus diesen, die nach dem Grade ihrer Brechbarkeit in eine
continuirliche Reihe angeordnet sind, ist jenes längliche Spectrum zusammengesetzt, welches ich im dritten Versuche beschrieben habe. Wenn nun das durch ein ungebrochenes
Strahlenbündel gebildete kreisrunde Sonnenbildchen Y der
Figg. 14 und 15 durch irgend eine Zerlegung der einzelnen
Strahlen oder eine gewisse andere Unregelmässigkeit bei der
Brechung im ersten Prisma in das längliche Spectrum PT
verwandelt worden wäre, dann müsste auch jeder Kreis AG,
BH, CI u. s. w. in diesem Spectrum durch die kreuzweise
Brechung des zweiten Prismas, welche die Strahlen doch aber-
mals ausbreitet oder auf irgend eine andere Art zerstreut,

in gleicher Weise auseinandergezogen und in eine längliche
Figur verwandelt werden, folglich würde die Breite des Bildes
PT ebensoviel vermehrt, wie vorher die Länge des Bildes Y
durch die Brechung des ersten Prismas; und so würde durch
die Brechungen beider Prismen zusammen ein quadratisches
Bild $p\pi t\zeta$ entstehen, wie vorher beschrieben. Da nun die
Breite des Spectrums Pt durch die seitliche Brechung nicht
wächst, so steht fest, dass die Strahlen durch diese Brechung
nicht gespalten oder verbreitert oder sonstwie unregelmässig
zerstreut werden, sondern dass jeder Kreis durch eine regelmässige und gleichförmige Brechung vollständig nach einer
anderen Stelle gelangt, wie z. B. der Kreis AG durch die
grösste Brechung nach ag, BH durch eine geringere nach
bh, der Kreis CI durch eine noch kleinere nach ci, und so
fort die übrigen.   Auf diese Weise ist das gegen das frühere
PT geneigte neue Spectrum pt in der nämlichen Weise aus
Kreisen zusammengesetzt, die in einer geraden Linie liegen,
und diese Kreise müssen denselben Durchmesser haben, wie
die früheren, da die Breite von allen den Spectren Y, PT
und pt bei gleichen Abständen von den Prismen dieselbe ist.
     Ich beobachtete weiter, dass durch die Breite der Oeff-
nung F, durch welche das Licht in das dunkle Zimmer ein-
trat, ein Halbschatten in der Umgebung des Sonnenbildes Y
entstand, der auch noch an den geradlinigen Seiten der Spectren PT und pt sichtbar blieb.   Ich brachte deshalb vor der
Oeffnung eine Linse oder ein Fernrohrobjectiv so an, dass
es das Sonnenbild ohne irgend einen Halbschatten scharf nach
Y warf, und fand, dass dadurch auch der Halbschatten der
geraden Seiten der länglichen Spectra PT und pt beseitigt
wurde, so dass diese ebenso scharf abgegrenzt erschienen, wie
die Peripherie des ersten Bildes Y.   Dies trat ein, wenn das
Glas der Prismen frei von Adern und seine Flächen genau
eben und gut geschliffen waren, ohne jene zahllosen wellen-
artigen und wolkigen Linien, die durch vom Sande gerissene
Furchen entstehen und durch Poliren mit Zinnasche nur wenig
abgeschliffen werden.   War das Glas bloss gut polirt und frei
von Adern, aber seine Flächen nicht genau eben, sondern, wie
es häufig vorkommt, ein wenig convex oder concav, so können
sich wohl die drei Bilder Y, PT und pt frei von Halbschatten zeigen, aber nicht in gleichen Entfernungen von den
Prismen.   Durch das Fehlen dieser Halbschatten konnte ich
mich nun noch sicherer überzeugen, dass jeder der Kreise nach

einem ganz regelmässigen, übereinstimmenden und constanten Gesetze gebrochen wurde. Denn wenn irgend eine Unregelmässigkeit in der Brechung stattfände, so könnten die geraden Linien AE und GL, welche alle diese Kreise des Spectrums PT berühren, nicht durch diese Brechung so scharf und deutlich geradlinig, wie sie zuvor waren, nach den Linien ae und gl übertragen werden, sondern es würden an diesen letzteren Linien etwas Halbschatten oder kleine Buckel oder Wellenlinien auftreten, oder eine andere merkliche Störung, die dem Resultate des Versuchs widerspricht. Jeder Halbschatten oder sonst eine Störung, die an diesen Kreisen bei der kreuzweisen Brechung des zweiten Prismas aufträte, würde an den geraden Linien ae und gl, die diese Kreise berühren, ersichtlich werden. Und da sich kein Halbschatten und keine Störung an den geraden Linien findet, so kann auch keine in den Kreisen sein. Da die Entfernung dieser Tangenten, d. i. die Breite des Spectrums, durch die Brechungen nicht wächst, so sind die Durchmesser der Kreise dadurch ebenfalls nicht gewachsen. Da die Tangenten gerade Linien bleiben, so ist jeder Kreis, der im ersten Prisma mehr oder weniger gebrochen wurde, genau in demselben Verhältnisse auch im zweiten Prisma mehr oder weniger gebrochen worden. Da man ferner sieht, dass dies Alles in gleicher Weise eintritt, wenn die Strahlen noch durch ein drittes und noch einmal durch ein viertes Prisma zur Seite gebrochen werden, so ist klar, dass die Strahlen des nämlichen einzelnen Kreises immer gleichförmig und einander gleichartig nach dem Grade ihrer Brechbarkeit verlaufen, und die der verschiedenen Kreise sich durch den Grad ihrer Brechbarkeit unterscheiden, und zwar in einem ganz bestimmten, constanten Verhältnisse. Und dies war zu beweisen.

Noch einen oder zwei andere Umstände giebt es bei diesem Versuche, welche die Sache noch deutlicher und überzeugender machen. Man stelle das zweite Prisma DH (Fig. 16, S. 30) nicht unmittelbar hinter das erste, sondern in einiger Entfernung davon, etwa in die Mitte zwischen dem ersten Prisma und der Wand, auf die das längliche Bild PT geworfen wird, so dass das Licht vom ersten Prisma her in Gestalt eines länglichen Spectrums $\pi\zeta$, parallel zum zweiten Prisma auf dieses fällt und seitwärts gebrochen wird, um an der Wand das längliche Spectrum pt zu bilden. Dann wird man finden, dass das Spectrum pt, wie zuvor, gegen das vom

ersten Prisma allein gebildete Spectrum PT geneigt ist, indem
die blauen Enden P und p weiter von einander entfernt sind,
als die rothen T und t, dass folglich die nach dem blauen

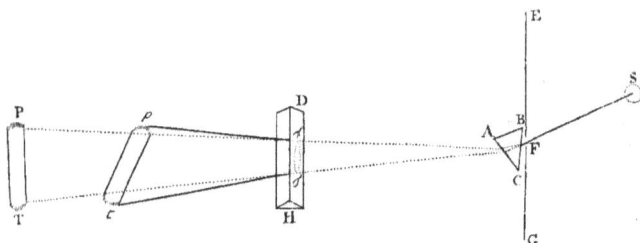

Fig. 16.

Ende π des Bildes $\pi\zeta$ gehenden Strahlen, die im ersten
Prisma die stärkste Brechung erfahren, auch wieder im zweiten
Prisma stärker gebrochen werden, als die anderen Strahlen.

Dasselbe versuchte ich auch, indem ich das Sonnenlicht
durch zwei kleine, runde, im Fenster angebrachte Oeffnungen
F und φ (Fig. 17) in ein dunkles Zimmer fallen liess und

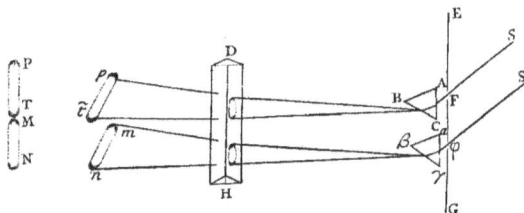

Fig. 17.

zwei parallele Prismen, ABC und $\alpha\beta\gamma$, vor die Oeffnungen
(vor jede eines) stellte, welche die Lichtstrahlen dergestalt
nach der gegenüberliegenden Wand des Zimmers brachen,
dass die zwei farbigen Bilder PT und MN mit den Enden
an einander stiessen und in einer geraden Linie lagen, das
rothe Ende T des einen in Berührung mit dem blauen Ende
M des andern Bildes. Wenn nämlich diese zwei gebrochenen
Lichtbündel durch ein drittes, zu den beiden ersten gekreuzt
stehendes Prisma DH wieder seitwärts gebrochen und die
Spectren nach einer andern Stelle der Zimmerwand geworfen

würden, etwa PT nach pt, und MN nach mn, so würden die so verschobenen Spectren pt und mn nicht, wie vorher, mit zusammenstossenden Enden in einer geraden Linie liegen, sondern auseinander gerückt und einander parallel werden, da ja das blaue Ende m des Bildes mn durch stärkere Brechung weiter, als das rothe Ende t des andern Bildes pt von dem früheren Orte MT verschoben wäre; — dies sichert den Satz vor jedem Einwand. Uebrigens tritt dasselbe ein, mag man das dritte Prisma DH unmittelbar hinter den beiden ersten oder in grosser Entfernung von ihnen aufstellen, so dass das durch die ersten Prismen gebrochene Licht entweder als weisses und kreisrundes, oder als farbiges und längliches Bild auf das dritte Prisma fällt.

6. Versuch[7]). In zwei dünne Bretter machte ich in der Mitte je ein rundes Loch von $\frac{1}{3}$ Zoll Durchmesser und in den Fensterladen ein viel grösseres Loch, um ein dickes Bündel Sonnenstrahlen in mein verdunkeltes Zimmer fallen zu lassen. Hinter dem Fensterladen stellte ich ein Prisma in diese Lichtstrahlen, damit sie nach der gegenüberliegenden Wand gebrochen würden, und befestigte dicht hinter dem Prisma eines der Bretter so, dass die Mitte des gebrochenen Lichts durch das Loch desselben ging, das übrige aber vom Brett aufgefangen wurde. Sodann stellte ich ungefähr 12 Fuss vom ersten Brette entfernt das zweite so auf, dass die Mitte des gebrochenen Lichts, welches nach Durchgang durch das Loch des ersten Brettes auf die gegenüberliegende Wand fiel, durch das Loch dieses zweiten Brettes hindurchgehen konnte, während das übrige Licht, von ihm aufgefangen, das farbige Sonnenbild auf ihm erzeugte. Dicht hinter diesem Brette befestigte ich ein zweites Prisma, um das durch das Loch gegangene Licht einer Brechung zu unterwerfen. Dann kehrte ich schnell zum ersten Prisma zurück, drehte es langsam um seine Axe hin und her, und bewegte so das auf das zweite Brett fallende Bild auf- und abwärts, so dass nach und nach alle Theile des Lichts durch das Loch dieses Brettes gingen und auf das Prisma dahinter fielen. Dabei merkte ich mir die Stellen an der gegenüberliegenden Wand, auf welche dieses Licht nach der Brechung im zweiten Prisma fiel, und fand aus der Verschiedenheit dieser Orte, dass dasjenige Licht, welches, vom ersten Prisma am stärksten gebrochen, nach dem blauen Ende des Bildes gelangte, auch im zweiten Prisma stärker gebrochen wurde, als das nach dem rothen Ende dieses

Bildes gehende. Dies bestätigt sowohl den ersten als den
zweiten Versuch. Dies Alles trat ein, mochten die Axen der
beiden Prismen parallel oder gegen einander oder gegen den
Horizont beliebig geneigt sein.

In Fig. 18 sei *F* die weite Oeffnung im Fensterladen,
durch welche die Sonne auf das erste Prisma *A B C* scheint,
und das gebrochene Licht falle mitten auf das Brett *D E*,

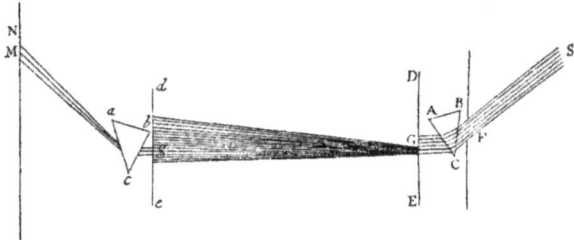

Fig. 18.

der mittelste Theil desselben aber auf das in der Mitte dieses
Brettes gemachte Loch *G*. Dieser durchgelassene Theil des
Lichts falle wieder auf die Mitte des zweiten Brettes *d e*
und bilde hier ein längliches Farbenspectrum der Sonne, wie
es beim dritten Versuche beschrieben ist. Dreht man nun
das Prisma *A B C* langsam um seine Axe hin und her, so
wird dieses Bild auf dem Brette *d e* auf- und abbewegt, und
so lässt man alle seine Theile, von einem Ende bis zum anderen, nach und nach durch die Oeffnung *g* gelangen, die in
der Mitte dieses Brettes ist. Inzwischen wird ein anderes
Prisma *a b c* dicht hinter das Loch *g* gebracht, um das durchgelassene Licht zum zweiten Male zu brechen. Nachdem ich
dies Alles so eingerichtet hatte, merkte ich die Orte *M* und
N der gegenüberliegenden Wand, auf welche das gebrochene
Licht fiel, und fand sie, während die zwei Bretter und das
zweite Prisma unbeweglich blieben, fortwährend verändert,
sobald ich das erste Prisma um seine Axe drehte. Wenn
nämlich der untere Theil des auf das zweite Brett *d e* fallenden
Lichts durch die Oeffnung *g* ging, so traf dies auf eine
tiefere Stelle *M* der Wand, und wenn der obere Theil durch
die nämliche Oeffnung gelangte, traf er eine höher gelegene
Stelle *N* der Wand, und wenn ein zwischenliegender Theil
des Lichts hindurchging, traf er einen Ort zwischen *M* und *N*.

Die unveränderte Lage der Löcher in den Brettern bedingte in allen Fällen genau gleichen Eintritt der Strahlen in das zweite Prisma; und doch wurden trotz gleichen Einfalls gewisse Strahlen stärker gebrochen, andere weniger; und zwar waren diejenigen im zweiten Prisma stärker gebrochen, welche durch stärkere Brechung im ersten Prisma mehr zur Seite abgelenkt waren; weil sie also constant mehr gebrochen werden, als andere, sind sie mit vollem Rechte stärker brechbar genannt worden.

7. Versuch. Ich stellte zwei Prismen vor zwei in meinem Fensterladen nahe bei einander gemachte Oeffnungen, vor jede eines, die in der Weise, wie beim dritten Versuche, an der gegenüberliegenden Wand zwei längliche farbige Sonnenbilder entwarfen. In geringer Entfernung von der Wand brachte ich ein langes schmales Papier mit geraden und parallelen Seiten an und ordnete Papier und Prismen so an, dass das Roth des einen Bildes direct auf die eine Hälfte des Papiers, und das Violett des anderen Bildes auf die andere Hälfte desselben fiel, so dass das Papier zweifarbig, roth und violett, erschien, fast wie das bemalte Papier im ersten und zweiten Versuche. Dann bedeckte ich die Wand hinter dem Papiere mit einem schwarzen Tuche, damit kein störendes Licht von da reflectirt würde. Blickte ich nun durch ein drittes Prisma, das ich dem Papiere parallel hielt, nach diesem hin, so sah ich die vom violetten Lichte beleuchtete Hälfte durch stärkere Brechung von der anderen Hälfte getrennt, besonders wenn ich mich von dem Papiere beträchtlich entfernte. Denn wenn ich aus zu grosser Nähe daraufblickte, erschienen die beiden Papierhälften nicht ganz von einander getrennt, sondern an einer ihrer Ecken zusammenhängend, wie das bemalte Papier im ersten Versuche. Auch wenn das Papier zu breit war, trat dies ein.

Bisweilen benutzte ich statt des Papiers einen weissen Faden; dieser erschien durch das Prisma in zwei parallele Fäden getheilt, wie dies Fig. 19 darstellt, wo DG den Faden bedeutet, der von D bis E durch violettes und von F bis G durch rothes Licht beleuchtet wird, während ed und fg die beiden Theile des Fadens sind, wie sie durch Brechung erscheinen. Wenn die eine Hälfte des Fadens constant mit Roth beleuchtet

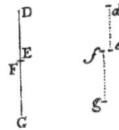

Fig. 19.

wird und die andere nach und nach mit allen Farben (wie es

z. B. geschieht, wenn man das eine Prisma um seine Axe
dreht, während man das andere unbeweglich lässt), so wird
diese andere Hälfte, wenn man durch das Prisma nach dem
Faden blickt, mit der ersten Hälfte in einer zusammenhängenden rothen Linie erscheinen, solange sie ebenfalls roth beleuchtet ist; sie verschiebt sich ein wenig, wenn sie orange
beleuchtet ist; sie entfernt sich noch weiter, wenn sie gelb,
noch weiter, wenn grün, blau, indigo, und schliesslich am
weitesten, wenn sie mit tiefem Violett beleuchtet ist. Dies
zeigt doch deutlich, dass die Strahlen verschiedener Farben
immer eine mehr als die andere brechbar sind und zwar in
der Reihenfolge der Farben: Roth, Orange, Gelb, Grün, Blau,
Indigo, Dunkelviolett. Damit ist ebensowohl der erste, wie
der zweite Satz bewiesen.

Unter Anderem brachte ich auch die farbigen Spectra PT
und MN in Fig. 17, die durch die Brechung zweier Prismen
im dunklen Zimmer entstanden, in eine gerade Linie, mit ihren
Enden an einander, wie im 5. Versuche beschrieben; betrachtete ich sie nun durch ein zu ihren Längskanten parallel gehaltenes Prisma, so erschienen sie nicht mehr entlang einer
geraden Linie, sondern wurden auseinander gebrochen, wie
in pt und mn dargestellt ist, indem das violette Ende m des
Spectrums mn durch stärkere Brechung weiter von seinem
früheren Orte MT verschoben wird, als das rothe Ende t
des Spectrums pt.

Ferner liess ich die beiden Spectra PT und MN (Fig. 20)
in umgekehrter Farbenfolge auf einander fallen, so dass das

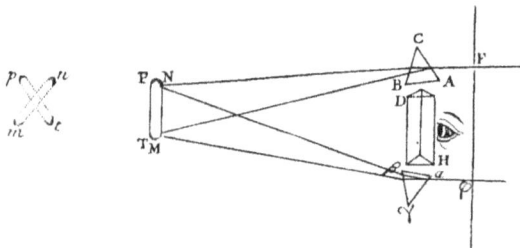

Fig. 20.

rothe Ende eines jeden auf das violette des anderen zu liegen
kam, wie in der länglichen Figur $PTMN$ dargestellt ist.

Als ich sie nun durch ein ihren Längsseiten parallel gehaltenes Prisma DH betrachtete, erschienen sie nicht zusammenfallend, wie mit blossem Auge, sondern in Gestalt von zwei unterschiedenen Spectren pt und mn, die sich einander in der Mitte durchkreuzten, wie ein X. Daraus geht hervor, dass das Roth des einen Spectrums und das Violett des anderen, welche in PN und MT über einander fielen, sich durch den Grad ihrer Brechbarkeit unterscheiden, indem das Violett nach p und m hin stärker gebrochen wird, als das Roth nach n und t hin.

Ich beleuchtete auch einmal ein kleines, kreisrundes Stück weissen Papiers über und über mittelst zweier Prismen durch Mischfarben; als es nun mit dem Roth des einen Spectrums und dem Dunkelviolett des anderen belichtet wurde, so dass es durch diese Farbenmischung über und über purpurn erschien, betrachtete ich das Papier erst in kleiner, dann aus grösserer Entfernung durch ein drittes Prisma. Alsdann wurde in dem Maasse, als ich mich davon entfernte, das gebrochene Bild desselben durch die ungleiche Brechung der beiden vermischten Farben mehr und mehr zertheilt, nämlich der Länge nach in zwei getrennte Bilder geschieden, ein rothes und ein violettes, von denen das letztere weiter vom Papier entfernt war, also grössere Brechung erfuhr. Wenn nun dasjenige Prisma am Fenster, welches das violette Licht auf das Papier warf, entfernt wurde, so verschwand das violette Bild, wenn das andere Prisma weggenommen wurde, das rothe. Hieraus geht hervor, dass diese zwei Bilder nichts Anderes waren, als Licht aus den beiden Prismen, welches auf dem purpurnen Papier gemischt gewesen war, aber wieder getrennt wurde durch die ungleichen Brechungen, die es im dritten, zur Beobachtung benutzten Prisma erfuhr. Weiter konnte hier noch Folgendes beobachtet werden: wenn das eine der beiden Prismen am Fenster, z. B. dasjenige, welches das violette Licht lieferte, so um seine Axe gedreht wurde, dass alle Farben in der Reihenfolge Violett, Indigo, Blau, Grün, Gelb, Orange, Roth der Reihe nach vom Prisma auf das Papier fielen, so verwandelte sich die violette Farbe des Bildes der Reihe nach in Indigo, Blau, Grün, Gelb und Roth, und dabei näherte sich das Bild zugleich dem rothen Bilde vom anderen Prisma immer mehr, bis endlich, wo es ebenfalls roth wurde, beide vollständig zusammenfielen.

Endlich brachte ich zwei Kreise von Papier dicht neben

einander an, den einen in das rothe Licht des einen Prismas,
den anderen in das violette Licht eines anderen. Jeder Kreis
hatte einen Zoll Durchmesser, und hinter ihm war die Wand
dunkel, damit der Versuch nicht durch Licht von daher gestört würde. Nun blickte ich nach diesen so beleuchteten
Kreisen wieder durch ein Prisma, welches ich so hielt, dass
die Brechung nach dem rothen Kreise hin stattfand. Wenn
ich mich dann von ihnen entfernte, näherten sich die Kreise
einander immer mehr und fielen endlich zusammen, und ging
ich noch weiter weg, so gingen sie wieder in umgekehrter
Ordnung aus einander, so dass das Violett durch stärkere
Brechung noch jenseits des Roth fiel.

        8. Versuch. Im Sommer, wo das Sonnenlicht am hellsten
zu sein pflegt, stellte ich ein Prisma vor die Oeffnung im
Fensterladen, wie im dritten Versuche, doch so, dass seine
Axe der Weltaxe parallel war, und an die gegenüberliegende
Wand brachte ich in das gebrochene Sonnenlicht ein aufge-
schlagenes Buch. Hierauf stellte ich 6 Fuss 2 Zoll vom Buche
entfernt die oben erwähnte Linse auf, durch welche das vom
Buche zurückgeworfene Licht convergent gemacht und 6 Fuss
2 Zoll hinter der Linse zu einem Bilde des Buches auf einem
weissen Papierbogen vereinigt wurde, ähnlich wie beim zweiten
Versuche. Nachdem Buch und Linse sicher eingestellt waren,
bestimmte ich den Ort des Papiers, wo die vom intensivsten
Roth des Sonnenlichts erleuchteten Buchstaben des Buches ihr
Bild am deutlichsten auf das Papier warfen, und wartete dann,
bis durch die Bewegung der Sonne, also auch ihres Bildes auf
dem Buche, alle Farben von jenem Roth an bis zur Mitte des
Blau über die Buchstaben hinweggingen. Als dieses Blau die
Buchstaben erleuchtete, stellte ich den Ort des Papiers fest,
wo sie am deutlichsten ihr Bild entwarfen. Dabei fand ich,
dass dieser Ort des Papiers etwa $2\frac{1}{2}$ bis $2\frac{3}{4}$ Zoll näher an
der Linse lag, als sein früherer. Um so viel rascher conver-
girt also das Licht im violetten Ende des Spectrums durch
stärkere Brechung, als das rothe Licht am anderen Ende.
Bei diesem Versuche war allerdings das Zimmer so dunkel
gemacht, wie nur möglich, denn wenn diese Farben durch
Beimischung von fremdem Lichte verwaschen und geschwächt
werden, so wird die Verschiedenheit in der Lage der Bilder
nicht so gross. Dieser Abstand war im zweiten Versuche,
wo die Farben natürlicher Körper benutzt wurden, wegen der
Unvollkommenheit dieser Farben nur $1\frac{1}{2}$ Zoll. Hier aber, bei

den offenbar viel deutlicheren, intensiveren und lebhafteren prismatischen Farben, ist der Abstand 2¼ Zoll, und wenn die Farben noch gesättigter und lebhafter wären, würde jener Abstand unzweifelhaft noch beträchtlich grösser sein. Jenes farbige prismatische Licht war ja durch das Zusammenwirken der Kreise in der 2. Figur des 5. Versuchs erzeugt, bestand ferner aus dem Lichte heller, um den Sonnenkörper gelagerter Wolken, welches sich mit diesen Farben mischte, und enthielt noch wegen Ungleichheiten in der Politur der Prismen zerstreute Strahlen, war demnach so sehr zusammengesetzt, dass die von so schwachen und dunklen Farben, wie Indigo und Violett, auf das Papier geworfenen Bilder für eine scharfe Beobachtung nicht deutlich genug waren.

9. Versuch. In einen Sonnenstrahl, der, wie im dritten Versuche, durch eine Oeffnung im Fensterladen in ein dunkles Zimmer fiel, stellte ich ein Prisma mit zwei gleichen Basiswinkeln von 45°, dessen dritter Winkel ein rechter war. Wenn ich nun das Prisma langsam um seine Axe drehte, bis alles Licht, welches durch einen der brechenden Winkel gegangen war, von der Basis, wo es bisher aus dem Glase ausgetreten war, reflectirt wurde, so beobachtete ich, dass die Strahlen, welche die stärkste Brechung erfahren hatten, eher reflectirt wurden, als die übrigen. Ich dachte mir also, dass die brechbarsten Strahlen des reflectirten Lichts durch totale Reflexion in diesem Lichte von allen Strahlen zuerst auftreten, und die übrigen erst nachher durch totale Reflexion ebenso häufig darin vorkommen. Um dies weiter zu prüfen, liess ich das reflectirte Licht durch ein zweites Prisma gehen und, durch dieses gebrochen, in einiger Entfernung dahinter auf einen Bogen weissen Papiers fallen und hier ein Bild der bekannten prismatischen Farben entwerfen. Wenn ich alsdann das erste Prisma, wie vorher, um seine Axe drehte, beobachtete ich Folgendes: wenn die im Prisma am stärksten gebrochenen Strahlen von blauer und violetter Farbe total reflectirt zu werden begannen, erfuhr das blaue und violette Licht auf dem Papiere, welches im zweiten Prisma am stärksten gebrochen war, eine merkliche Zunahme gegenüber dem am wenigsten gebrochenen Roth und Gelb; und nachher, als das übrige Licht, das grüne, gelbe und rothe, im ersten Prisma zur totalen Reflexion gelangte, nahm das Licht dieser Farben auf dem Papier ebenso stark zu, wie vorher das Violett und Blau. Daraus ist klar, dass der an der Basis des ersten Prismas reflectirte Lichtstrahl,

der erst durch brechbarere, dann durch die weniger brechbaren Strahlen verstärkt wurde, aus verschieden brechbaren
Strahlen zusammengesetzt ist. Es kann also Niemand mehr
bezweifeln, dass alles solches reflectirtes Licht von der nämlichen Natur ist, wie das Sonnenlicht vor seinem Auftreffen
auf die Basis des Prismas, da doch allgemein zugegeben wird.
dass das Licht durch solche Reflexionen in seiner Art und
seinen Eigenschaften keine Veränderung erfährt. Ich erwähne
hier keinerlei Brechungen an den Seiten des ersten Prismas,
weil das Licht in die erste Seite senkrecht einfällt und aus
der zweiten senkrecht austritt und deshalb hier keine Brechung
erfährt. Da also das eintretende Sonnenlicht dieselbe Art und
Constitution besitzt, wie das austretende, das letztere aber aus
verschieden brechbaren Strahlen zusammengesetzt ist, so muss
auch das erstere in der nämlichen Weise zusammengesetzt sein.

In Fig. 21 ist ABC das erste Prisma, BC seine Basis,
B und C seine gleichen Basiswinkel, jeder 45°, A der rechte
Winkel, FM ein durch die
$\frac{1}{3}$ Zoll breite Oeffnung F in
ein dunkles Zimmer geleiteter
Sonnenstrahl, M sein Einfallspunkt auf der Basis des
Prismas, MG ein weniger
gebrochener, MH ein stärker
gebrochener Strahl, MN das
von der Basis reflectirte Licht,
VXY das zweite Prisma,
welches die hindurchgehen-
den Lichtstrahlen bricht,
Nt das weniger gebrochene
Licht, Np der stärker ge-

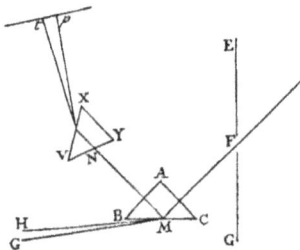

Fig. 21.

brochene Theil desselben. Wird das erste Prisma in der
Reihenfolge der Buchstaben A, B, C um seine Axe gedreht,
so treten die Strahlen MH mehr und mehr geneigt aus diesem
Prisma, werden schliesslich bei der stärksten Neigung nach
N reflectirt und vermehren nun, indem sie nach p gelangen,
die Anzahl der Strahlen Np. Dreht man das erste Prisma
noch weiter, so werden auch die Strahlen MG nach N reflectirt und vermehren die Zahl der Strahlen Nt. Also nehmen
zuerst die brechbareren und nachher die weniger brechbaren
an der Zusammensetzung des Lichtes MN Theil, und dennoch ist dieses Licht nach dieser Zusammensetzung von

derselben Beschaffenheit, wie das unmittelbare Sonnenlicht *FM*, indem die Reflexion an der spiegelnden Basis *BC* keine Aenderung in ihm hervorruft.

10. Versuch. Ich befestigte zwei gleichgestaltete Prismen dergestalt an einander, dass ihre Axe und die gegenüberliegenden Seiten parallel waren und sie also ein Parallelepiped bildeten. Dieses Parallelepiped stellte ich, als die Sonne durch eine kleine Oeffnung im Fensterladen in mein verdunkeltes Zimmer schien, in einiger Entfernung von jener Oeffnung in den Sonnenstrahl in solcher Stellung, dass die Axen der Prismen senkrecht zu den einfallenden Strahlen waren, und die auf die erste Seite des einen Prismas auffallenden Strahlen durch die zusammenstossenden Seiten beider Prismen weiter gingen und aus der letzten Seite des zweiten Prismas austraten. Da diese der ersten Seite des ersten Prismas parallel war, so musste das austretende Licht dem eintretenden parallel sein. Nun stellte ich hinter diese zwei Prismen ein drittes, welches das austretende Licht brach und dadurch auf einer gegenüberliegenden Wand oder auf einem in passender Entfernung hingehaltenen weissen Papiere die bekannten prismatischen Farben hervorrief. Drehte ich hierauf das Parallelepiped um seine Axe, so fand ich Folgendes: wenn die zusammenstossenden Seiten der beiden Prismen so gegen die einfallenden Strahlen geneigt waren, dass diese sämmtlich zur Reflexion gelangten, so wurden die im dritten Prisma am stärksten gebrochenen Strahlen, die das Papier violett und blau beleuchteten, zuerst von allen durch Totalreflexion aus dem durchgehenden Lichte beseitigt, während die übrigen verblieben und, wie vorher, das Papier grün, gelb und orange beleuchteten; nachher, bei weiterer Drehung der beiden Prismen, verschwanden auch die übrigen Strahlen in Folge totaler Reflexion, und zwar in einer dem Grade ihrer Brechbarkeit entsprechenden Reihenfolge. Demnach ist das aus den beiden Prismen austretende Licht aus Strahlen verschiedener Brechbarkeit zusammengesetzt, weil die brechbareren Strahlen schon aus ihm entfernt werden, während die weniger brechbaren noch darin sind. Aber wenn dieses Licht, welches nur durch die parallelen Flächen der beiden Prismen durchgelassen wurde, durch die Brechung an einer dieser Flächen irgend eine Veränderung erfuhr, so verlor sich doch diese Wirkung wieder durch die entgegengesetzte Brechung an der anderen Fläche, und es erlangte wieder seinen vorherigen Zustand und zeigte dieselbe Natur, wie

anfangs vor seinem Eintritte in die Prismen; mithin war es
vor seinem Eintritte ebensowohl aus verschieden brechbaren
Strahlen zusammengesetzt, wie nachher.

In Fig. 22 sind ABC und BCD die beiden in Form
eines Parallelepipeds verbundenen Prismen, deren Seiten BC
und CB zusammenstossen, wäh-
rend AB und CD parallel
sind. HIK ist das dritte
Prisma, durch welches das durch
F in das dunkle Zimmer tretende Licht, nach Durchgang
durch die Seiten AB, BC,
CB und CD, bei O nach dem
weissen Papier PT gebrochen
wird, wo es theils durch stärkere
Brechung nach P, theils durch
schwächere nach T, theils durch
mittlere Brechung nach R und anderen zwischenliegenden Punkten gelangt. Durch Drehung
des Parallelepipeds $ACBD$ um
seine Axe in der Reihenfolge
der Buchstaben A, C, D, B
werden sodann, wenn die zusammenstossenden Ebenen BC
und CB genügend schief gegen die bei M einfallenden
Strahlen FM zu stehen kommen, aus dem gebrochenen Lichte
OPT zuerst unter allen die brechbarsten Strahlen OP weg-
fallen, während die übrigen OR und OT noch bleiben wie
zuvor, dann erst die Strahlen OR und andere mittlere Strahlen,
und zuletzt die am wenigsten gebrochenen Strahlen OT.
Denn wenn die Ebene BC genügend schief gegen die einfallenden Strahlen zu liegen kommt, beginnt die totale Reflexion dieser Strahlen nach N, und da zuerst die am stärksten
brechbaren Strahlen total reflectirt werden (wie im vorhergehenden Versuche erklärt ist), so verschwinden diese bei P
zuerst, und nachher müssen die übrigen in der Reihenfolge,
wie sie nach N reflectirt werden, in der nämlichen Reihenfolge bei R und T verschwinden. Dadurch können also die
bei O am stärksten gebrochenen Strahlen aus dem Lichte MO
abgesondert werden, indess die übrigen darin bleiben, und
deshalb ist dieses Licht MO aus Strahlen verschiedener Brechbarkeit zusammengesetzt. Und weil die Ebenen AB und CD

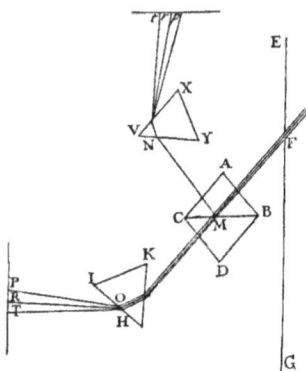

Fig. 22.

parallel sind und durch gleiche und entgegengesetzte Brechungen
ihre Wirkung gegenseitig aufheben, muss das einfallende Licht
FM von der nämlichen Art und Natur sein, wie das austretende MO, und besteht demnach ebenfalls aus Strahlen
verschiedener Brechbarkeit. Bevor die brechbarsten Strahlen
vom austretenden Lichte MO abgesondert worden sind, stim-
men diese zwei Lichtbündel FM und MO in ihrer Farbe
und, soweit meine Beobachtung reicht, in allen anderen
Eigenschaften überein, und deshalb kann man mit vollem
Rechte den Schluss ziehen, dass sie von derselben Natur und
Constitution sind, nämlich das eine ebensowohl zusammengesetzt, wie das andere. Nachdem aber die brechbarsten
Strahlen anfangen, total reflectirt zu werden, und dadurch aus
dem austretenden Lichte MO ausgeschieden sind, verändert
dieses seine Farbe von Weiss zu einem verwaschenen und
schwachen Gelb, einem ziemlich reinen Orange, hierauf allmählich zu einem ausgeprägten Roth, und verschwindet endlich
ganz. Denn nachdem die brechbarsten Strahlen, die das Papier bei P mit Purpur färben, durch totale Reflexion aus dem
Lichtbündel MO entfernt sind, liefern die übrig gebliebenen
Farben, die auf dem Papiere bei R und T erscheinen und
demselben Lichtbündel angehören, daselbst ein schwaches Gelb;
und nachdem das Blau und ein Theil des Grün, die zwischen
P und R auf dem Papier erscheinen, weggenommen sind,
bildet der Rest zwischen R und T (d. i. Gelb, Orange, Roth
und ein wenig Grün), der diesem Lichte MO beigemischt ist,
dort eine Orange-Färbung; sind endlich alle Strahlen mit
Ausnahme der am wenigsten brechbaren, die bei T in reinem
Roth erscheinen, aus MO durch Reflexion beseitigt, so ist die
Farbe in MO die nämliche, wie vorher bei T, da die Brechung
im Prisma HIK nur dazu dient, die verschieden brechbaren
Strahlen zu trennen, ohne an ihren Farben irgend etwas zu
ändern, was in der Folge noch genauer bewiesen werden soll.
Durch alles dies wird sowohl die erste, als die zweite Pro-
position noch weiter bestätigt.

    Scholie. Wenn man diesen Versuch mit dem vorher-
gehenden vereinigt und einen solchen mit Anwendung eines
vierten Prismas VXY (Fig. 22) anstellt, welches den reflectirten Lichtstrahl MN nach tp bricht, so wird der Schluss
noch klarer. Denn alsdann wird das im vierten Prisma stärker gebrochene Licht Np voller und intensiver, wenn das im
dritten Prisma HIK stärker gebrochene Licht OP bei P

verschwindet; und wenn nachher das weniger gebrochene Licht
OT bei T verschwindet, so wird das weniger gebrochene
Licht Nt an Stärke zunehmen, während das stärker gebrochene bei p keinen weiteren Zuwachs erfährt. Und wie
das durchgelassene Lichtbündel MO beim Verschwinden von
solcher Farbe ist, wie sie aus der Mischung der auf das Papier
PT fallenden Farben sich ergeben sollte, ebenso zeigt das
reflectirte Licht MN immer diejenige Farbe, die aus der Mischung der auf pt fallenden Farben entstehen muss. Denn
wenn durch totale Reflexion die brechbarsten Strahlen aus dem
Licht MO entfernt sind und dieses orangefarben zurückbleibt,
so macht das Ueberwiegen jener Strahlen im reflectirten Lichte
nicht nur das Violett, Indigo und Blau bei p lebhafter, sondern bewirkt auch, dass das Lichtbündel MN aus der gelblichen Farbe des Sonnenlichts in ein blasses, zum Blau neigendes Weiss übergeht, und dass es nachher seine gelbliche
Farbe wiedererlangt, sobald das übrige durchgelassene Licht
MOT reflectirt wird.

In allen diesen mannigfaltigen Versuchen, mögen sie mit
reflectirtem Lichte, welches entweder von natürlichen Körpern, wie im 1. und 2. Versuche, oder von spiegelnden, wie
im 9. Versuch zurückgeworfen wird, angestellt werden, oder
mit gebrochenem Lichte, und zwar entweder ehe die ungleich
gebrochenen Strahlen durch Divergenz von einander getrennt
waren und an Stelle des Weiss, das ihre Vereinigung lieferte, einzeln von verschiedener Farbe erschienen, wie im
5. Versuche, — oder nachdem sie von einander getrennt
sind und farbig erscheinen, wie im 6., 7. und 8. Versuche,
— oder mag endlich der Versuch mit Licht angestellt sein, das
durch parallele, ihre Wirkungen gegenseitig aufhebende Flächen
geschickt wird, wie im 10. Versuche, — in allen Fällen haben
sich Strahlen ergeben, die bei gleichem Einfallen auf dasselbe
Medium ungleiche Brechungen erfahren, und zwar ohne Spaltung und Ausbreitung der einzelnen Strahlen oder etwa durch
zufällige Ungleichheiten der Brechungen, wie im 5. und 6. Versuche bewiesen. Da man nun sieht, dass die verschieden
brechbaren Strahlen entweder, wie im 3. Versuche, durch
Brechung oder, wie im 1., durch Reflexion von einander getrennt werden können, und dass diese verschiedenen Arten
von Strahlen bei gleichem Einfalle wieder ungleiche Brechungen erfahren, und zwar, dass die vorher stärker gebrochenen
Strahlen auch nach der Trennung stärker gebrochen werden,

wie im 6. und den folgenden Versuchen, da endlich, wenn
Sonnenlicht durch drei oder mehrere Prismen hinter einander
geht, ebenfalls die im ersten Prisma stärker gebrochenen
Strahlen auch in den übrigen Prismen nach dem nämlichen
Gesetze und Verhältnisse eine stärkere Brechung erfahren, wie
aus dem 5. Versuche erhellt, so ist klar, dass das Licht der
Sonne aus einer heterogenen Mischung verschieden brechbarer
Strahlen besteht, — und dies war die Behauptung der zweiten
Proposition.

Prop. III. Lehrsatz 3.

Das Licht der Sonne besteht aus verschieden re-
flectirbaren Strahlen, und zwar werden die brechbareren Strahlen mehr reflectirt als andere.

Dies ist aus dem 9. und 10. Versuche klar. Denn wenn
man im 9. Versuche das Prisma um seine Achse so weit dreht,
bis die beim Durchgange durch das Prisma von der Basis gebrochenen Strahlen so schief auf letztere treffen, dass die totale
Reflexion beginnt, so werden zuerst diejenigen Strahlen total
reflectirt, welche zuvor bei gleichem Eintritte mit den anderen
die stärkste Brechung erfahren. Das Nämliche tritt im
10. Versuche ein, wo die Reflexion durch die gemeinsame Basis
der beiden Prismen erfolgt.

Prop. IV. Aufgabe 1.

Die heterogenen Strahlen zusammengesetzten Lichts
von einander zu trennen.

Durch die Brechung im Prisma sind im dritten Versuche
die heterogenen Strahlen bis zu einem gewissen Grade von
einander getrennt worden, und durch Beseitigung des Halbschattens an den geradlinigen Seiten des farbigen Bildes wird
im 5. Versuche diese Trennung an eben diesen Seiten eine
vollkommene. Aber an allen Punkten zwischen diesen geradlinigen Seiten ist das Licht noch genugsam zusammengesetzt,
da die unzähligen, einzeln durch homogene Strahlen beleuchteten Kreise gegenseitig übereinandergreifen und sich mischen.
Wenn man aber diesen Kreisen bei gleicher Lage und Entfernung ihrer Mittelpunkte kleinere Durchmesser geben könnte,
würde ihre gegenseitige Störung und damit auch in demselben

Verhältnisse die Vermischung der homogenen Strahlen eine
geringere werden. In Fig. 23 seien AG, BH, CI, DK,
EL, FM die im 3. Versuche durch ebenso viele Lichtarten

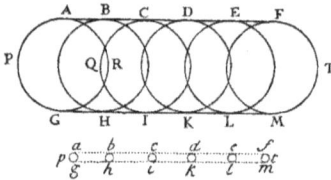

von der Sonnenscheibe her
erleuchteten Kreise. Aus
allen diesen und noch un-
zählig vielen anderen Kreisen, die in continuirlicher
Reihe zwischen den geraden
und parallelen Seiten des
länglichen Sonnenbildes liegen, ist in der Weise, wie
im 5. Versuche erläutert,

Fig. 23.

dieses Bild zusammengesetzt. Ferner seien ag, bh, ci, dk,
el, fm ebenso viele kleinere Kreise, die in eben solcher Reihe
zwischen zwei geraden Linien af und gm mit gleicher gegen-
seitiger Entfernung ihrer Mittelpunkte liegen und durch dieselben Strahlenarten beleuchtet sind, d. h. der Kreis ag mit
derselben, wie der entsprechende AG, bh mit der Strahlenart, mit welcher der entsprechende BH beleuchtet ist, und je
die übrigen Kreise ci, dk, el, fm mit derselben, wie die
entsprechenden Kreise CI, DK, EL, FM. In der aus den
grösseren Kreisen zusammengesetzten Figur PT breiten sich
drei von diesen Kreisen, AG, BH, CI so über einander
aus, dass alle drei sie erleuchtenden Strahlenarten zusammen
mit unzählig vielen Arten zwischenliegender Strahlen bei QR
in der Mitte des Kreises BH gemischt sind. Dieselbe Vermischung tritt fast durch die ganze Länge der Figur PT ein.
Dagegen erstrecken sich in der aus den kleineren Kreisen
bestehenden Figur pt die drei jenen grösseren entsprechenden
Kreise ag, bh, ci nicht in einander hinein; nicht einmal
zwei von den drei Strahlenarten, die jene Kreise beleuchten
und in der Figur PT bei BH vermischt sind, vermengen
sich hier.

Wer die Sache in dieser Weise betrachtet, wird leicht
begreifen, dass die Vermischung in demselben Verhältnisse ab-
nimmt, wie die Durchmesser. Wenn die Durchmesser der
Kreise, während ihre Mittelpunkte in gleichen Abständen
bleiben, dreimal kleiner gemacht werden, wie zuvor, so wird
die Vermischung der Strahlen ebenfalls dreimal geringer, werden sie zehnmal kleiner, so wird auch die Mischung zehnmal
geringer, und so bei anderen Verhältnissen. Das heisst: die

Mischung der Strahlen in der grösseren Figur PT wird sich
zu der in der kleineren pt verhalten, wie die Breite der
grösseren Figur zu der der kleineren; denn die Breite jeder
dieser Figuren ist den Durchmessern ihrer Kreise gleich. Daraus folgt leicht, dass die Mischung der Strahlen in dem
Brechungsbilde pt sich zur Mischung der Strahlen im directen
unmittelbaren Sonnenbilde verhält, wie die Breite dieses Spectrums zur Differenz zwischen seiner Länge und Breite.

Wollen wir also die Mischung der Strahlen vermindern,
so müssen wir die Durchmesser der Kreise verkleinern. Diese
würden nun kleiner, wenn der Sonnendurchmesser, dem sie
entsprechen, kleiner gemacht werden könnte oder (was auf
dasselbe hinausläuft) wenn ausserhalb des Zimmers in grosser
Entfernung vom Prisma gegen die Sonne hin ein dunkler Körper mit einem runden Loche aufgestellt würde, der alles
Sonnenlicht auffinge, mit Ausnahme des von der Mitte derselben kommenden, welches durch diese Oeffnung gerade nach
dem Prisma gelangte. Auf diese Weise würden die Kreise
AG, BH etc. nicht mehr der ganzen Sonnenscheibe entsprechen, sondern nur dem Theile derselben, den man vom
Prisma aus durch die Oeffnung hindurch sehen könnte, d. h.
dem scheinbaren Durchmesser der Oeffnung, vom Prisma aus
gesehen. Damit aber diese Kreise jenem Loche genauer entsprechen, muss man eine Linse beim Prisma aufstellen, die
das Bild des Loches (d. h. jeden der Kreise AG, BH etc.)
genau auf das Papier bei PT wirft, in der Weise, wie durch
eine am Fenster aufgestellte Linse die Bilder von aussen befindlichen Gegenständen genau auf einen im Zimmer aufgestellten Papierschirm geworfen werden, und wie im fünften
Versuche die geraden Seiten des länglichen Sonnenbildes genau
und ohne Halbschatten erhalten wurden. Macht man dies, so
hat man nicht nöthig, das Loch in grosser Entfernung anzu-
bringen, nicht einmal jenseits des Fensters. Deshalb benutzte
ich anstatt jenes Loches die Oeffnung im Fensterladen folgendermaassen.

11. Versuch. Ich stellte in das durch eine kleine Oeffnung im Fensterladen in mein verdunkeltes Zimmer einfallende
Sonnenlicht ungefähr 10 oder 12 Fuss vom Fenster entfernt
eine Linse, durch welche das Bild der Oeffnung deutlich auf
einen weissen Papierschirm geworfen werden konnte, der 6,
8, 10 oder auch 12 Fuss hinter der Linse stand. Denn je
nach der Verschiedenheit der benutzten Linsen wählte ich,

was ich nicht für der Mühe werth halte näher zu beschreiben,
verschiedene Abstände. Hierauf stellte ich unmittelbar hinter
die Linse ein Prisma, durch welches das Licht entweder aufwärts oder zur Seite gebrochen, und folglich das von der Linse
allein auf das Papier geworfene runde Bild in ein langes mit
parallelen Seiten auseinander gezogen wurde, wie im 3. Versuche. Dieses längliche Bild liess ich in ungefähr derselben
Entfernung vom Prisma, wie oben, auf ein anderes Papier
fallen, welches ich gegen das Prisma vor- und rückwärts bewegte, bis ich die richtige Entfernung fand, wo die geraden
Seiten des Bildes am deutlichsten waren. Denn in diesem
Falle waren die kreisförmigen Bilder der Oeffnung, die das
Bild in derselben Weise, wie die Kreise ag, bh, ci etc. der
Figur pt, zusammensetzen, sehr scharf und ohne irgend einen
Halbschatten begrenzt, und da sie sich so wenig als möglich
einander deckten, war die Vermischung der heterogenen Strahlen eine äusserst geringe. Durch Benutzung dieser Hülfs-
mittel stellte ich ein längliches Bild (wie pt in Figg. 23 u. 24)
der kreisförmigen Bilder der Oeffnung (so wie ag, bh, ci etc.)
her, und durch Benutzung einer grösseren oder kleineren Oeffnung im Fensterladen machte ich die Kreisbilder ag, bh, ci etc.,
aus denen es gebildet war, nach Belieben grösser oder kleiner
und dadurch die Mischung der Strahlen des Spectrums so
gross oder so klein, wie ich wünschte.

In Fig. 24 stellt F die runde Oeffnung im Fensterladen
vor, MN die Linse, durch die das Bild dieser Oeffnung deutlich auf das Papier bei I geworfen wurde, ABC das Prisma,

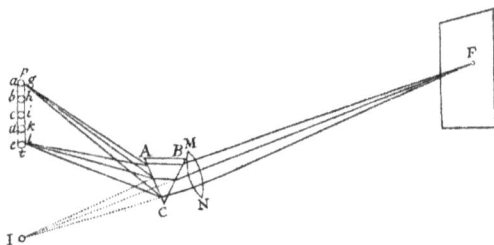

Fig. 24.

welches die aus der Linse kommenden Strahlen von I weg
nach einem anderen Papiere pt hin brach und das runde Bild

bei I in ein längliches auf dem Papierschirme verwandelte.
Dieses Bild besteht, wie das im 5. Versuche genügend erklärt
ist, aus einer Anzahl in gerader Reihe hinter einander liegen-
der Kreise, die dem Kreise I gleich sind und mithin der
Grösse des Loches F entsprechen; man kann sie also durch
Verkleinerung dieser Oeffnung nach Belieben verkleinern,
während ihre Mittelpunkte unverrückt bleiben. Auf diese
Weise brachte ich die Breite des Bildes pt auf den 40sten,
und bisweilen auf den 60sten und 70sten Theil der Länge.
Wenn z. B. der Durchmesser der Oeffnung F $\frac{1}{12}$ Zoll ist und
die Entfernung MF der Linse von ihm 12 Fuss, und wenn
pB und pM, die Entfernung des Bildes pt vom Prisma oder
von der Linse, 10 Fuss, der brechende Winkel des Prismas
62° ist, so wird die Breite des Bildes pt $\frac{1}{12}$ Zoll und seine
Länge etwa 6 Zoll sein, also das Verhältniss von Länge und
Breite = 72 : 1, und mithin das Licht dieses Bildes 71 mal
weniger zusammengesetzt, als das directe Sonnenlicht. Derartiges einfaches und homogenes Licht genügt für alle Versuche, die in diesem Buche einfaches Licht behandeln. Denn
die Zusammensetzung heterogener Strahlen ist hier so unbedeutend, dass die Beobachtung sie kaum wahrzunehmen vermag, ausgenommen vielleicht im Indigo und Violett. Weil
diese Farben nämlich dunkel sind, erfahren sie leicht durch
das wenige, zerstreute Licht, welches durch Ungleichheiten im
Prisma unregelmässig gebrochen zu werden pflegt, eine merkliche Störung.

Nun ist es aber besser, an Stelle der kreisrunden Oeffnung F eine längliche zu setzen, und zwar von der Gestalt
eines langen Parallelogramms, dessen Längsseiten dem Prisma
ABC parallel sind. Ist diese Oeffnung 1 oder 2 Zoll lang
und nur $\frac{1}{10}$ oder $\frac{1}{12}$ Zoll breit oder noch schmaler, so wird
das Licht des Bildes pt ebenso einfach sein, wie vorher, oder
noch einfacher, und das Bild wird viel breiter und dadurch
zur Untersuchung seines Lichts geeigneter werden, als zuvor.

Anstatt dieser parallelogrammatischen Oeffnung kann man
eine solche in Gestalt eines gleichschenkeligen Dreiecks anwenden, dessen Basis z. B. ungefähr $\frac{1}{10}$ Zoll und dessen Höhe
mehr als 1 Zoll beträgt. Wenn alsdann die Axe des Prismas
der Höhe des Dreiecks parallel ist, so wird das Bild pt in
Fig. 25, S. 48, jetzt von gleichschenkeligen Dreiecken ag,
bh, ci, dk, el, fm etc. und unzähligen anderen, zwischenliegenden Dreiecken gebildet werden, die der dreieckigen

Oeffnung in Gestalt und Grösse entsprechen und neben einander
in ununterbrochener Reihe zwischen den parallelen Geraden
af und gm liegen. Diese Dreiecke sind an ihren Basen ein
wenig vermischt, aber nicht an
ihren Spitzen; daher ist das
Licht an der glänzenden Seite
af des Bildes, wo die Basen
der Dreiecke liegen, ein wenig
zusammengesetzt, nicht aber an

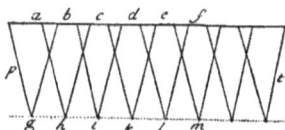

Fig. 25.

der dunkleren Seite gm, und
die Zusammensetzung ist an
allen Punkten zwischen den beiden Seiten dem Abstande von
der dunkleren Seite gm proportional. Bei einem dergestalt
zusammengesetzten Spectrum kann man entweder mit seinem
stärkeren und weniger einfachen Lichte nahe der Seite af
oder mit dem schwächeren und einfachen Lichte näher an
gm Versuche anstellen, wie es gerade am passendsten erscheint.

    Dabei muss aber das Zimmer so dunkel als möglich ge-
macht werden, damit nicht irgend welches fremde Licht sich
mit dem des Spectrums pt mischt und es zusammengesetzter
macht, zumal wenn man mit dem einfacheren Lichte nächst
der Seite gm des Spectrums Versuche anstellen will, welches
schwächer und im Verhältniss zu dem fremden Lichte unbe-
deutender ist und daher durch Vermischung mit ihm mehr
gestört und mehr zusammengesetzt wird. Auch die Linse
sollte gut sein, so wie sie für optische Zwecke dient, und das
Prisma sollte einen grossen Winkel, etwa 65 oder 70°, haben
und aus Glas, das von Blasen und Adern frei ist, gut gearbeitet sein, die Seiten desselben nicht etwa, wie gewöhnlich,
ein wenig convex oder concav, sondern vollkommen eben, und
der Schliff fein hergestellt, wie bei den Gläsern der Optiker,
nicht, wie gewöhnlich, mit Zinnasche, welche nur die Ränder
der vom Schleifsande entstandenen Löcher wegschleift, aber
auf dem ganzen Glase eine zahllose Menge kleiner convexer,
wellenartiger Erhöhungen zurücklässt. Auch müssen die Ränder des Prismas und der Linse, soweit sie irgend eine unregelmässige Brechung bewirken, mit schwarzem Papier be-
klebt werden; jedes in das Zimmer eintretende, dem Versuche
nicht zuträgliche Licht des Sonnenstrahls muss durch schwarzes Papier oder einen sonstigen schwarzen Körper aufgefangen
werden, da es sonst allseitig im Zimmer reflectirt wird und

sich mit dem länglichen Spectrum mischt und es unrein macht.
So grosse Sorgfalt ist zwar bei diesen Versuchen nicht in
ihrem ganzen Umfange nothwendig, fördert aber den Erfolg
des Versuchs und verdient von einem gewissenhaften Beobachter angewandt zu werden. Für diesen Zweck geeignete
Glasprismen sind schwer zu bekommen, deshalb wandte ich
bisweilen prismatische, aus Stücken von Spiegelglas herge-
stellte und mit Regenwasser gefüllte Gefässe an und versetzte
das Wasser zur Vergrösserung der Brechung manchmal stark
mit Bleizucker.

Prop. V. Lehrsatz 4.

Homogenes Licht wird regelmässig gebrochen, ohne
Ausbreitung, Spaltung und Zerstreuung der Strahlen.
Das undeutliche Bild von Objecten, welches man
durch brechende Körper hindurch mittelst hetero-
genen Lichtes sieht, rührt von der verschiedenen
Brechbarkeit der verschiedenen Lichtarten her.

Der erste Theil dieser Proposition ist schon im 5. Versuche genügend bewiesen, wird aber durch die folgenden Versuche noch weiter erhellen.

12. Versuch. In ein schwarzes Papier machte ich in
der Mitte ein rundes Loch von $\frac{1}{5}$ oder $\frac{1}{6}$ Zoll Durchmesser.
Auf dieses Papier liess ich das in der vorigen Proposition beschriebene Spectrum von homogenem Lichte so fallen, dass
ein Theil des Lichts durch das Loch im Papier hindurchgehen konnte. Dieses durchgelassene Licht liess ich durch
ein hinter das Papier gestelltes Prisma brechen und das gebrochene Licht zwei bis drei Fuss vom Prisma entfernt senkrecht auf ein weisses Papier fallen, und fand nun, dass das
auf dem Papier von diesem Lichte gebildete Spectrum nicht
länglich war, wie wenn es (im 3. Versuche) durch Brechung
des zusammengesetzten Sonnenlichts entstanden war, sondern
dass es, soweit ich es mit meinem Auge beurtheilen konnte,
vollkommen kreisförmig war, nicht länger als breit. Dies zeigt,
dass dieses Licht ohne irgend eine Ausbreitung der Strahlen
regelmässig gebrochen ist.

13. Versuch. Ich brachte einen Papierkreis von $\frac{1}{4}$ Zoll
Durchmesser in das homogene Licht und einen zweiten ebenso
grossen in das ungebrochene, heterogene, weisse Sonnenlicht
und betrachtete diese beiden Kreise aus der Entfernung von

einigen Fussen durch ein Prisma. Der vom heterogenen
Sonnenlichte beleuchtete Kreis erschien länglich, wie im 4. Versuche, die Länge viele Mal so gross als die Breite, dagegen
der andere im homogenen Lichte kreisförmig und deutlich
begrenzt, wie wenn ich ihn mit blossem Auge betrachtete.
Dies beweist die ganze Proposition.

14. Versuch. Ich setzte Fliegen und ähnliche kleine
Gegenstände dem homogenen Lichte aus und sah ihre einzelnen Theile, durch ein Prisma betrachtet, ebenso deutlich
begrenzt, wie mit blossem Auge. Brachte ich die nämlichen
Objecte in das ungebrochene, heterogene Sonnenlicht, welches
also weiss war, und blickte ebenfalls durch ein Prisma, so
sah ich sie so undeutlich begrenzt, dass ich ihre kleineren
Theilchen nicht unterscheiden konnte. Ebenso brachte ich die
Buchstaben eines kleinen Druckes erst in homogenes, dann in
heterogenes Licht; auch sie erschienen durch ein Prisma im
letzteren Falle so undeutlich, dass ich sie nicht lesen konnte,
im ersteren Falle aber so deutlich, dass ich sie geläufig lesen
und so sehen konnte, wie wenn ich mit blossem Auge hin-
blickte. In beiden Fällen beobachtete ich dieselben Objecte
in der gleichen Lage durch dasselbe Prisma aus der nämlichen Entfernung; nur das Licht, welches sie beleuchtete,
war verschieden, in dem einen Falle einfach, im andern zusammengesetzt; folglich konnte auch das deutliche Sehen im
ersten Falle und das undeutliche im letzten von nichts Anderem herrühren, als von der Verschiedenheit des Lichts.
Dies beweist die ganze Proposition.

Noch ist bei diesen drei Versuchen wohl zu beachten, dass
die Farbe des homogenen Lichts niemals durch die Brechung
verändert wurde.

Prop. VI. Lehrsatz 5.

Der Sinus des Einfalls steht bei jedem für sich be-
trachteten Strahle in einem gegebenen Verhältnisse
zum Sinus der Brechung.

Aus dem bisher Gesagten ist zur Genüge klar, dass jeder
Strahl für sich einen gewissen constanten Grad der Brechbarkeit besitzt. Die durch die erste Brechung bei gleichem Einfall am stärksten gebrochenen Strahlen werden auch bei den
folgenden Brechungen unter gleichem Einfall am stärksten
gebrochen, und ebenso die am wenigsten brechbaren und die

übrigen, die einen mittleren Grad von Brechbarkeit besitzen,
wie aus dem 5., 6., 7. und 8. Versuche erhellt. Diejenigen
aber, die bei gleichem Einfalle das erste Mal gleich gebrochen werden, werden auch nachher gleich und gleichförmig
gebrochen, mögen sie, wie im 5. Versuche, vor ihrer Trennung
von einander, oder, wie im 12., 13. und 14. Versuche, einzeln
gebrochen werden. Die Brechung jedes einzelnen Strahles ist
also eine regelmässige, und wir wollen jetzt zeigen, welche
Regeln diese Brechung befolgt.

Die neueren Schriftsteller über Optik lehren, dass die
Sinus des Einfalls zu den Sinus der Brechung in gegebenem
Verhältnisse stehen, wie im 5. Axiom auseinandergesetzt
wurde, und einige, die dieses Verhältniss mit Instrumenten zur
Messung der Brechung oder durch sonstige Versuche geprüft
haben, sagen, sie hätten dieses Verhältniss ganz genau gefunden. Da sie aber die verschiedene Brechbarkeit der verschiedenen Strahlen nicht kennen und meinen, sie würden
sämmtlich nach einem und demselben Verhältnisse gebrochen,
so ist anzunehmen, dass sie ihre Messungen nur auf die mittleren Strahlen des gebrochenen Lichts erstreckt haben, so
dass wir aus ihren Messungen nur schliessen können, dass die
Strahlen, die einen mittleren Grad von Brechbarkeit besitzen,
d. h. die ohne die übrigen grün erscheinen, nach einem gegebenen Verhältniss der Sinus gebrochen werden. Deshalb
haben wir jetzt zu zeigen, dass ähnliche gegebene Verhältnisse
bei den übrigen herrschen. Es ist ja sehr glaublich, dass
sich dies so verhält, da die Natur immer gleichförmige Gesetze beobachtet, aber dennoch ist ein experimenteller Nach-
weis wünschenswerth. Einen solchen Beweis werden wir
haben, wenn wir zeigen können, dass die Sinus der Brechung
der verschieden brechbaren Strahlen zu einander in gegebenem
Verhältnisse stehen, wenn die zugehörigen Sinus des Einfalls
einander gleich sind. Denn wenn die Sinus der Brechung
aller Strahlen in gegebenem Verhältnisse zu dem Sinus der
Brechung eines Strahles von einem mittleren Grade der Brechbarkeit stehen, und wenn dieser Sinus zu den Sinus des
gleichen Einfalls in gegebenem Verhältnisse 'steht, so werden
die anderen Brechungssinus zu dem gleichen Sinus des Einfalls
ebenfalls in gegebenem Verhältnisse stehen. Wenn nun die
Sinus des Einfalls einander gleich sind, so stehen, wie durch
den folgenden Versuch erhellen wird, die Sinus der Brechung
unter einander in gegebenem Verhältnisse.

15. Versuch. In ein dunkles Zimmer schien die Sonne durch eine kleine runde Oeffnung im Fensterladen, und S (Fig. 26) sei das von ihrem directen Lichte erzeugte runde, weisse Bild auf der gegenüberliegenden Wand. PT sei ihr längliches farbiges Bild, wie es durch Brechung mittelst eines am Fenster aufgestellten Prismas entsteht; endlich sei pt oder $2p\,2t$ oder $3p\,3t$ ihr längliches farbiges Bild, wie es durch nochmalige Seitwärtsbrechung des Lichts mittelst eines zweiten, unmittelbar hinter dem ersten in gekreuzter Stellung zu ihm aufgestellten Prismas hervorgerufen wird, wie dies im 5. Versuche beschrieben, d. h. pt, wenn die Brechung durch dieses zweite Prisma gering ist, $2p\,2t$, wenn sie grösser, $3p\,3t$, wenn sie am grössten ist. Denn so wird die Verschiedenheit der Brechungen sein, wenn der brechende Winkel des zweiten Prismas von verschiedener Grösse ist, wie etwa 15—20°, um das Bild pt zu erzeugen, 30—40° für $2p\,2t$, 60° für $3p\,3t$. In Ermangelung von Prismen aus massivem Glase mit Winkeln von passender Grösse kann man Gefässe aus geschliffenen, in Form von Prismen zusammengekitteten Glasplatten anwenden, die man mit Wasser füllt. Bei dieser Anordnung beobachtete ich nun, dass die farbigen Sonnenspectren PT, pt, $2p2t$, $3p\,3t$ fast genau nach der Stelle S hin convergirten, wo das directe Sonnenlicht sein rundes Bild entwarf, wenn die Prismen weggenommen waren. Die Axe des Spectrums PT, d. h. die durch dessen Mitte parallel zu seinen geradlinigen Seiten gezogene Linie, ging verlängert genau durch die Mitte jenes weissen, runden Bildes S. Und wenn die Brechung des zweiten Prismas der des ersten gleich war, indem beide denselben brechenden Winkel von 60° hatten, so ging die Axe des durch diese Brechung erzeugten Spectrums $3p\,3t$ verlängert ebenfalls durch die Mitte des Bildes S. Wenn aber die Brechung durch das zweite

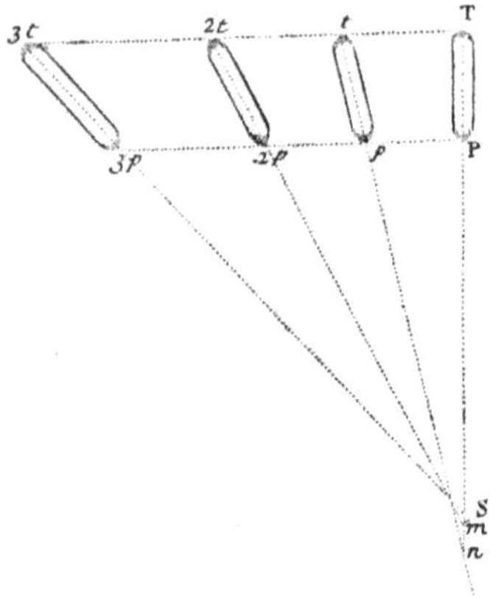

Fig. 26.

Prisma schwächer war, als die im ersten, so schnitten die
verlängerten Axen der so entstehenden Spectren pt oder
$2p\,2t$ die Verlängerung der Axe von PT in den Punkten
m und n, etwas jenseits der Mitte des weissen und runden
Bildes S. Daher war das Verhältniss der Linien $3tT$ zu
$3pP$ etwas grösser, als das von $2tT$ zu $2pP$, und dieses
ein wenig grösser, als $tT : pP$. Wenn nun das Licht des
Spectrums PT senkrecht auf die Wand fällt, so sind die
Linien $3tT$, $3pP$ und $2tT$, $2pP$ und tT, pP die Tangenten der Brechung; mithin erhält man durch diesen Versuch
die Brechungstangenten, und leitet man daraus die Verhältnisse der Sinus ab, so ergeben sich diese als einander gleich,
soweit ich durch Betrachtung der Spectra und mit ein wenig
mathematischer Rechnung beurtheilen konnte (denn eine ganz
genaue Berechnung habe ich darüber nicht angestellt). Soweit
es also durch den Versuch den Anschein gewinnt, bestätigt
sich das Verhältniss für jeden Strahl besonders; dass dies
aber genau richtig ist, kann bewiesen werden auf Grund der
Hypothese, dass die Körper das Licht brechen, indem
sie auf dessen Strahlen in geraden Linien, die
auf ihrer Oberfläche senkrecht stehen, einwirken.
Zum Zwecke jenes Beweises aber muss man die Bewegung
jedes Strahles in zwei Bewegungen zerlegen, eine zur
brechenden Fläche senkrechte und eine zu ihr parallele, und
muss für die senkrechte Bewegung den folgenden Satz aufstellen.

Wenn eine Bewegung oder irgend ein Bewegtes mit irgend
einer Geschwindigkeit auf einen breiten und dünnen Körper
trifft, der beiderseits durch parallele Ebenen begrenzt wird,
und beim Durchgang durch denselben von einer Kraft, die in
gegebenen Entfernungen von der Ebene eine gegebene Grösse
besitzt, senkrecht gegen die entferntere Ebene getrieben wird,
so wird die senkrechte Geschwindigkeit dieses Bewegten beim
Austritte aus dem Körper immer gleich sein der Quadratwurzel
aus der Summe des Quadrats der senkrechten Geschwindigkeit
beim Auftreffen auf den Körper und des Quadrats derjenigen
senkrechten Geschwindigkeit, die er beim Austritte dann haben
würde, wenn beim Eintritte die senkrechte Geschwindigkeit
unendlich klein wäre. Derselbe Satz bestätigt sich bei einer
Bewegung, die beim Durchgange durch den Körper eine senkrechte Verzögerung erfährt, wenn man nur statt der Summe
der beiden Quadrate ihre Differenz nimmt. Mathematiker wer-

den den Beweis leicht finden; deshalb will ich den Leser nicht damit behelligen [8]).

  Angenommen, ein sehr schief in der Richtung MC (Fig. 1) einfallender Strahl werde bei C durch die Ebene RS nach der Linie CN gebrochen, und es sei verlangt, die Linie CE zu finden, nach welcher ein anderer Strahl AC gebrochen wird, so seien MC, AD die Einfallssinus der beiden Strahlen und NG, EF die Sinus ihrer Brechung; die gleichen Bewegungen der einfallenden Strahlen seien durch die gleichen Linien MC und AC dargestellt, und während die Bewegung MC als parallel der brechenden Ebene betrachtet wird, sei die andere Bewegung AC in die zwei Bewegungen AD und DC zerlegt, von denen AD parallel, DC senkrecht zur brechenden Fläche RS ist. Ebenso seien die Bewegungen der austretenden Strahlen in zwei zerlegt, von denen die senkrechten $\dfrac{MC}{NG} \cdot CG$ und $\dfrac{AD}{EF} \cdot CF$ sind [9]). Mag nun die Kraft der brechenden Ebene erst in dieser Ebene auf die Strahlen zu wirken beginnen, oder ihre Wirkung in einer gewissen Entfernung auf der einen Seite beginnen, in gewisser Entfernung auf der anderen Seite aufhören, oder mag sie überall zwischen diesen beiden Grenzen in einer zur brechenden Ebene senkrechten Richtung wirken, und mögen die Wirkungen auf die Strahlen in gleichem Abstande von der brechenden Ebene gleich sein, in verschiedenem Abstande nach einem beliebigen Verhältnisse gleich oder ungleich: jedenfalls wird die zu der brechenden Ebene parallele Bewegung des Strahls durch diese Kraft keine Veränderung erfahren und die darauf senkrechte nach der Regel des obigen Satzes verändert werden. Schreibt man daher für die senkrechte Geschwindigkeit des austretenden Strahls CN, wie oben, $\dfrac{MC}{NG} \cdot CG$, so wird die senkrechte Geschwindigkeit eines anderen austretenden Strahls CE, welche $\dfrac{AD}{EF} \cdot CF$ war, $= \sqrt{CD^2 + \dfrac{MC^2}{NG^2} \cdot CG^2}$ sein.

Wenn man diese beiden letzten gleichen Ausdrücke quadrirt, zu ihnen die gleichen Werthe AD^2 und $MC^2 - CD^2$ addirt und diese Summen durch die einander gleichen Summen $CF^2 + EF^2$ und $CG^2 + NG^2$ dividirt, so erhält man $\dfrac{AD^2}{EF^2} = \dfrac{MC^2}{NG^2}$. Mithin ist $AD : EF = MC : NG$, d. h.

der Sinus des Einfalls steht zum Sinus der Brechung in einem gegebenen Verhältnisse. Da dieser Beweis allgemein gilt, gleichviel, worin das Licht bestehen mag oder durch was für eine Kraft es gebrochen wird, ohne irgend eine andere Annahme als die, dass der brechende Körper auf die Strahlen in einer zu seiner Oberfläche senkrechten Richtung einwirke, so betrachte ich dies als einen ganz überzeugenden Beweis für die volle Richtigkeit dieser Proposition.

Wenn also das Verhältniss des Sinus des Einfalls zum Sinus der Brechung in einem Falle für irgend eine Strahlenart gefunden ist, so ist es auch in allen anderen Fällen bekannt; dies wird sich auch leicht durch die Methode der folgenden Proposition ergeben.

Prop. VII. Lehrsatz 6.

Die Vollkommenheit der Fernrohre wird durch die verschiedene Brechbarkeit der Lichtstrahlen beeinträchtigt.

Die Unvollkommenheit der Fernrohre wird gewöhnlich der sphärischen Gestalt der Gläser zugeschrieben; deshalb haben Mathematiker vorgeschlagen, diese in Gestalt von Kegelschnitten zu schleifen. Um zu zeigen, dass sie im Irrthum sind, habe ich diese Proposition eingeschoben. Ihre Richtigkeit wird sich aus Messungen der Brechung verschiedener Lichtarten ergeben, die ich folgendermaassen bestimme.

In dem 3. Versuche dieses Theils, wo der brechende Winkel des Prismas $62\frac{1}{2}°$ war, ist die Hälfte davon, $31° 15'$, der Einfallswinkel der Strahlen beim Austritt aus dem Glase in die Luft, und der Sinus dieses Winkels 5188, wenn der Radius 10 000 ist. Als die Axe dieses Prismas horizontal und die Brechung der Strahlen beim Eintritt und Austritt aus dem Prisma dieselbe war, beobachtete ich mit einem Quadranten den Winkel, den die mittleren Strahlen (d. h. die, welche nach der Mitte des farbigen Sonnenbildes gingen) mit dem Horizonte bildeten, und fand aus diesem Winkel und der gleichzeitig beobachteten Sonnenhöhe den Winkel zwischen den austretenden und eintretenden Strahlen $= 44° 40'$. Die Hälfte dieses Winkels zum Einfallswinkel von $31° 15'$ addirt, giebt den Brechungswinkel, der also $53° 35'$ ist und dessen Sinus 8047 beträgt. Dies sind also die Sinus des Einfalls und der

Brechung bei Strahlen mittlerer Brechbarkeit; ihr Verhältniss
ist in runden Zahlen 20 : 31. Dieses Glas hatte eine ins
Grünliche neigende Farbe. Das letzte der im 3. Versuche
erwähnten Prismen war von klarem, weissem Glase und hatte
einen brechenden Winkel von $63\frac{1}{2}°$; der Winkel zwischen den
ein- und austretenden Strahlen betrug 45° 50'; der Sinus der
Hälfte des erstgenannten Winkels war 5626, der Sinus der
halben Summe beider 8157, und ihr Verhältniss in runden
Zahlen 20 : 31, wie vorher.

Zieht man von der etwa $9\frac{3}{4}$ bis 10 Zoll betragenden Länge
des Bildes die Breite ab, welche $2\frac{1}{8}$ Zoll war, so würde der
Rest von $7\frac{3}{4}$ Zoll die Länge des Bildes darstellen, wenn die
Sonne nur ein Punkt wäre, und entspricht dem Winkel, den
die am stärksten gebrochenen Strahlen mit den am wenigsten
gebrochenen bilden. Daher ist dieser Winkel 2° 0' 7", da
die Entfernung zwischen dem Bilde und dem diesen Winkel
erzeugenden Prisma $18\frac{1}{2}$ Fuss war und in diesem Abstande
eine Sehne von $7\frac{3}{4}$ Zoll einem Winkel von 2° 0' 7" zugehört.
Nun ist die Hälfte dieses Winkels der Winkel zwischen diesen
[am meisten oder am wenigsten gebrochenen] austretenden
Strahlen und den austretenden Strahlen von mittlerer Brechbarkeit, und $\frac{1}{4}$ davon, 30' 2", kann als der Winkel angesehen
werden, den diese austretenden Strahlen mit denselben mittleren Strahlen dann bilden würden, wenn sie innerhalb des
Glases mit ihnen zusammenfielen und keine andere Brechung
erführen, als bei ihrem Austritte aus dem Glase. Denn wenn
zwei gleiche Brechungen, die eine beim Eintritt, die andere
beim Austritt aus dem Prisma die Hälfte des Winkels 2° 0' 7"
ausmachen, so wird die eine der Brechungen ungefähr $\frac{1}{4}$ desselben betragen, und dieses Viertel addirt und subtrahirt vom
Brechungswinkel der mittleren Strahlen, welcher 53° 35' war,
giebt den Brechungswinkel der am meisten und der am wenigsten
gebrochenen Strahlen, nämlich 54° 5' 2" und 53° 4' 58", deren
Sinus 8099 und 7995 sind, während der gemeinschaftliche
Einfallswinkel 31° 15' und sein Sinus 5188 war. Diese Sinus
verhalten sich, in den kleinsten runden Zahlen ausgedrückt,
zu einander, wie 78 und 77 zu 50.

Wenn man nun den gemeinschaftlichen Sinus des Einfalls 50 von den beiden Brechungssinus 77 und 78 abzieht,
so zeigen die Reste 27 und 28, dass bei kleinen Brechungen
die Brechung der wenigst brechbaren Strahlen sich zu der der
brechbarsten nahezu wie 27 : 28 verhält, und dass der Unter-

schied zwischen der Brechung jener und der Brechung dieser etwa der $27\frac{1}{2}$te Theil von der gesammten Brechung der mittleren Strahlen ist.

Hieraus werden in der Optik Bewanderte leicht erkennen, dass die Breite des kleinsten kreisförmigen Raumes, in welchem die Objectivgläser der Fernrohre alle Arten von parallelen Strahlen zu vereinigen im Stande sind, ungefähr den $27\frac{1}{2}$ten Theil von der halben Oeffnung des Glases beträgt, oder den 55. Theil der ganzen Oeffnung, und dass der Brennpunkt der brechbarsten Strahlen ungefähr um den $27\frac{1}{2}$ten Theil der Entfernung zwischen dem Objectivglase und dem Brennpunkte mittlerer Strahlen näher am Objectivglase ist, als der Brennpunkt der am wenigsten brechbaren Strahlen.

Wenn Strahlen aller Arten, die von einem leuchtenden Punkte in der Axe einer Convexlinse ausgehen, in Folge der Brechung der Linse nach Punkten convergiren, die nicht allzu weit von der Linse liegen, so wird der Brennpunkt der brechbarsten Strahlen näher an der Linse sein, als der Brennpunkt der am wenigsten brechbaren, und zwar um eine Strecke, die sich zum $27\frac{1}{2}$ten Theile des Abstandes zwischen dem Brennpunkte der mittleren Strahlen und der Linse sehr nahe verhält, wie die Entfernung zwischen diesem Brennpunkte und dem leuchtenden Punkte, aus dem die Strahlen kommen, zu der Entfernung dieses Punktes von der Linse.

Um nun zu prüfen, ob der Unterschied zwischen den Brechungen, welche bei gleichem Ausgangspunkte die brechbarsten und die am wenigsten brechbaren Strahlen im Objectiv der Fernrohre oder in ähnlichen Gläsern erfahren, wirklich so gross ist, wie so eben beschrieben, ersann ich folgenden Versuch.

16. Versuch. Wenn ich die im 2. und 8. Versuche benutzte Linse 6 Fuss 1 Zoll von einem Objecte entfernt aufstellte, entwarf sie das Bild desselben durch die mittleren Strahlen ebenfalls 6 Fuss 1 Zoll entfernt auf der anderen Seite. Demnach muss sie nach der vorstehenden Regel das Bild desselben Objects durch die wenigst-brechbaren Strahlen in 6 Fuss $3\frac{2}{3}$ Zoll Entfernung von der Linse entstehen lassen und das von den brechbarsten Strahlen erzeugte in 5 Fuss $10\frac{1}{3}$ Zoll, so dass zwischen den Orten dieser zwei Bilder ein Abstand von etwa $5\frac{1}{3}$ Zoll sein muss. Denn wie sich nach jener Regel 6 Fuss 1 Zoll (der Abstand der Linse vom leuchtenden Objecte) zu

12 Fuss 2 Zoll verhält (dem Abstande des leuchtenden Objects
vom Brennpunkte der Strahlen mittlerer Brechbarkeit), d. i.
wie 1 : 2, so verhält sich der 27½te Theil von 6 Fuss 1 Zoll
(Entfernung der Linse vom nämlichen Brennpunkte) zur Entfernung zwischen dem Brennpunkte der brechbarsten und dem
der wenigst-brechbaren Strahlen; diese Entfernung ist daher
$5\frac{17}{55}$, d. i. ganz nahe 5⅓ Zoll. Um nun zu erfahren, ob diese
Messung richtig sei, wiederholte ich den 2. und 8. Versuch
mit farbigem Lichte, welches viel weniger, als das dort benutzte, zusammengesetzt war. Dadurch trennte ich nach der
im 11. Versuche beschriebenen Methode die heterogenen Strahlen von einander, so dass ich ein ungefähr 12 bis 15 mal so
langes als breites Farbenbild erhielt. Dieses Spectrum warf
ich nun auf ein gedrucktes Buch, stellte 6 Fuss 1 Zoll vom
Spectrum entfernt die oben erwähnte Linse auf, welche das
Bild der beleuchteten Buchstaben in der nämlichen Entfernung
auf der anderen Seite entwarf, und fand, dass das Bild der
mit Blau beleuchteten Buchstaben ungefähr 3 oder 3¼ Zoll
näher an der Linse lag, als das mit intensivem Roth beleuchtete Bild derselben; allein das Bild der mit Indigo und Violett
beleuchteten Buchstaben erschien so matt und undeutlich, dass
ich sie nicht lesen konnte. Darauf sah ich mir das Prisma
an und fand es voller Adern, die von einem Ende des Glases
bis zum anderen liefen, so dass die Brechung nicht regelmässig
sein konnte. Ich nahm deshalb ein anderes, von Adern freies
Prisma und benutzte statt der Buchstaben zwei oder drei parallele schwarze Linien, die ein wenig stärker waren, als die
Züge der Buchstaben. Als ich nun die Farben so darauf warf,
dass die Linien entlang der Farben von einem Ende des Spectrums zum anderen hindurchgingen, fand ich den Brennpunkt,
wo das Indigo oder die Grenze von Indigo und Violett das
Bild der schwarzen Linien am deutlichsten entwarf, ungefähr
4 oder 4¼ Zoll näher an der Linse, als den Brennpunkt, wo
das intensivste Roth das deutlichste Bild gab. Immerhin war
das Violett so schwach und dunkel, dass ich bei dieser Farbe
das Bild der Linien nicht scharf unterscheiden konnte, und
als ich daher bemerkte, dass das Prisma aus einem dunklen,
ins Grünliche spielenden Glase bestand, nahm ich ein anderes
von klarem, weissen Glase; aber das von diesem Prisma ge-
lieferte Spectrum zeigte lange weissliche Streifen eines schwachen Lichts, die von beiden Enden der Farben ausgingen,
woraus ich schloss, dass etwas nicht ganz richtig war. Als

ich das Prisma untersuchte, fand ich zwei oder drei Bläschen
im Glase, die das Licht unregelmässig brachen. Daher bedeckte ich diesen Theil des Glases mit schwarzem Papier, und
als ich nun das Licht durch einen anderen Theil desselben
gehen liess, der frei von Blasen war, so wurde auch das
Farbenspectrum frei von diesen unregelmässigen Lichtstreifen
und so, wie ich es wünschte. Aber noch immer fand ich das
Violett so dunkel und schwach, dass ich das vom Violett erzeugte Bild der Linien kaum sehen konnte, und vor Allem
nicht das vom dunkelsten Theile, zunächst dem Ende des
Spectrums. Ich vermuthete also, dass diese schwache und
dunkle Farbe durch Beimischung von zerstreutem Lichte geschwächt werde, welches theils durch einige sehr kleine Bläschen in den Gläsern, theils durch Ungleichheiten in ihrem
Schliffe unregelmässig gebrochen und reflectirt werde, Licht,
welches, obwohl nur gering, doch vielleicht wegen seiner
weissen Farbe einen genügend starken Eindruck machen könnte,
um die Erscheinungen dieser schwachen und dunklen violetten
Farbe zu stören. Deshalb untersuchte ich, wie im 12., 13.
und 14. Versuche, ob nicht etwa das Licht dieser Farbe aus
einer merkbaren Mischung heterogener Strahlen bestehe, fand
aber, dass dies nicht der Fall war. Die Brechungen liessen
auch keine andere Farbe als Violett aus diesem Lichte austreten, wie sie es doch aus weissem Lichte gethan hätten und
mithin auch aus diesem Violett, wenn dasselbe merklich mit
aus weissem Lichte zusammengesetzt gewesen wäre. Daher
schloss ich, dass der Grund, weshalb ich das Bild der Linien
in dieser Farbe nicht deutlich sah, lediglich in der Dunkelheit dieser Farbe und der Schwäche des Lichts und der Entfernung von der Axe der Linse liege. Deshalb theilte ich
jene parallelen schwachen Linien in gleiche Theile, aus denen
ich die gegenseitige Entfernung der Farben im Spectrum leicht
erkennen konnte, und merkte mir die Entfernungen der Linse
von den Brennpunkten derjenigen Farben, in denen die Bilder
der Linien deutlich erschienen. Hierauf prüfte ich, ob die
Differenz dieser Entfernungen das nämliche Verhältniss zu
$5\frac{1}{3}$ Zoll habe, d. h. zur grössten Differenz der Abstände, welche
die Brennpunkte des intensivsten Roth und Violett von der
Linse haben sollten, wie die gegenseitige Entfernung der beobachteten Farben im Spectrum zu der grössten Entfernung
zwischen dem intensivsten Roth und Violett, gemessen an
den geradlinigen Seiten des Spectrums, d. h. zu der Länge

dieser Seiten, oder dem Ueberschusse der Länge des Spectrums über seine Breite.   Meine Beobachtungen ergaben nun
Folgendes.

Wenn ich das äusserste, noch wahrnehmbare Roth und
die Farbe an der Grenze von Grün und Blau beobachtete und
verglich, die an den geradlinigen Seiten des Spectrums um die
Hälfte dieser Seiten von einander entfernt waren, so lag der
Brennpunkt, wo die Farbe von der Grenze des Grün und Blau
das Bild der Linien am deutlichsten auf das Papier warf, etwa
$2\frac{1}{2}$ bis $2\frac{3}{4}$ Zoll näher an der Linse, als der Brennpunkt, wo
das Roth diese Linien am deutlichsten zeigte.   Bisweilen war
das Ergebniss der Messungen etwas grösser, bisweilen auch
etwas kleiner, aber selten wichen sie um mehr als $\frac{1}{5}$ Zoll von
einander ab, und es war sehr schwierig, ohne einen kleinen
Fehler die Lage dieser Brennpunkte festzustellen.

Hier ist aber zu bemerken, dass ich das Roth nicht genau
am eigentlichen Ende des Spectrums sehen konnte, sondern
nur bis an den Mittelpunkt des dieses Ende bildenden Halb-
kreises, oder ein wenig weiter.   Deshalb verglich ich dieses
Roth nicht mit der Farbe, die genau die Mitte des Spectrums
oder die Grenze von Grün und Blau bildet, sondern mit einer,
die etwas mehr in das Blau, als in das Grün fiel.   Und da
ich bedachte, dass die ganze Länge der Farben nicht die ganze
Länge des Spectrums darstellte, sondern nur die Länge seiner
geradlinigen Seiten, so ergänzte ich die halbkreisförmigen Enden zu ganzen Kreisen, wenn die eine oder andere der beobachteten Farben innerhalb dieser Kreise fiel, maass die Entfernung der Farbe vom halbkreisförmigen Ende des Spectrums
aus, zog die Hälfte dieser Entfernung vom gemessenen Abstande der beiden Farben ab und nahm den Rest als verbesserte
Entfernung, die ich bei den Beobachtungen als Differenz
der Entfernungen ihrer Brennpunkte von der Linse gelten
liess.   Denn ebenso wie die Länge der geradlinigen Seiten
des Spectrums die ganze Länge aller Farben sein würde,
wenn die das Spectrum bildenden Kreise (wie gezeigt wurde)
zusammengezogen und zu physikalischen Punkten verkürzt
wären, ebenso würde in diesem Falle diese verbesserte Entfernung die wahre Entfernung der beiden beobachteten
Farben sein.

Als ich daher das äusserste wahrnehmbare Roth beobachtete und mit dem Blau verglich, dessen verbesserte Entfernung
von ihm $\frac{7}{12}$ von der Länge der geraden Seiten des Spectrums

betrug, so war die Differenz der Abstände ihrer Brennpunkte von der Linse ungefähr $3\frac{1}{4}$ Zoll. Es verhält sich aber $7:12 = 3\frac{1}{4} : 5\frac{4}{7}$.

Wenn ich das äusserste wahrnehmbare Roth mit dem Indigo verglich, dessen verbesserte Entfernung $\frac{8}{12}$ oder $\frac{2}{3}$ der Länge der geraden Seiten des Spectrums betrug, so war die Differenz der Abstände ihrer Brennpunkte von der Linse ungefähr $3\frac{2}{3}$ Zoll; und es verhält sich $2:3 = 3\frac{2}{3} : 5\frac{1}{2}$.

Bei Vergleichung des äussersten Roth mit dem tiefsten Indigo, deren verbesserte Entfernung von einander $\frac{9}{12}$ oder $\frac{3}{4}$ der Länge der geraden Seiten des Spectrums war, fand sich die Differenz der Abstände ihrer Brennpunkte von der Linse zu etwa 4 Zoll; und $3:4$ verhält sich wie $4:5\frac{1}{3}$.

Als ich das äusserste wahrnehmbare Roth und den zunächst dem Indigo gelegenen Theil des Violett beobachtete, dessen verbesserte Entfernung vom Roth $\frac{10}{12}$ oder $\frac{5}{6}$ der Länge der geraden Seiten des Spectrums betrug, ergab sich die Differenz der Abstände ihrer Brennpunkte von der Linse zu ungefähr $4\frac{1}{2}$ Zoll; und es ist $5:6 = 4\frac{1}{2} : 5\frac{2}{5}$.

Bisweilen, wenn die Linse vortheilhaft aufgestellt und ihre Axe auf das Blau gerichtet, auch sonst Alles gut angeordnet war, wenn die Sonne hell schien und ich das Auge sehr nahe an das Papier brachte, wo die Linse die Linien abbildete, konnte ich die Bilder dieser Linien recht deutlich in dem Theile des Violett erblicken, der zunächst dem Indigo liegt, ja manchmal noch über das halbe Violett hinaus. Ich hatte nämlich bei diesen Versuchen bemerkt, dass genau genommen nur die Bilder derjenigen Farben scharf erschienen, welche in der Axe der Linse oder dicht dabei lagen, dass also, wenn Blau oder Indigo in die Axe fielen, ich ihre Bilder deutlicher sehen konnte, als sonst. Deshalb versuchte ich das Farbenspectrum kürzer zu machen, als vorher, damit seine beiden Enden näher an die Axe der Linse zu liegen kämen; dadurch wurde seine Länge etwa $2\frac{1}{4}$ Zoll und die Breite $\frac{1}{5}$ bis $\frac{1}{6}$ Zoll. Auch machte ich an der Stelle der schwarzen Linien, auf die das Spectrum geworfen wurde, eine einzige Linie stärker als die anderen, deren Bild ich leichter sehen konnte, und theilte diese Linie noch durch kurze Querlinien in gleiche Theile, um die Abstände der beobachteten Farben messen zu können. Nun konnte ich bisweilen das Bild dieser Linie mit ihrer Theilung bis fast in den Mittelpunkt des kreisförmigen violetten Endes des Spectrums sehen, und dabei machte ich folgende Beobachtungen.

Als ich das äusserste wahrnehmbare Roth beobachtete und dazu den Theil des Violett, dessen verbesserte Entfernung davon etwa $\frac{8}{9}$ der geraden Seiten des Spectrums betrug, so war die Differenz der Abstände der Brennpunkte dieser Farben von der Linse das eine Mal $4\frac{2}{3}$, ein anderes Mal $4\frac{3}{4}$, wieder ein anderes Mal $4\frac{7}{8}$ Zoll, und es verhält sich 8 zu 9, wie $4\frac{2}{3}$, $4\frac{3}{4}$, $4\frac{7}{8}$ resp. zu $5\frac{1}{4}$, $5\frac{1}{3}\frac{1}{2}$, $5\frac{3}{4}\frac{1}{4}$.

Wenn ich das äusserste wahrnehmbare Roth mit dem dunkelsten wahrnehmbaren Violett verglich (die verbesserte Entfernung dieser beiden Farben betrug, wenn Alles zum Besten angeordnet war und die Sonne recht hell schien, ungefähr $\frac{11}{12}$ oder $\frac{15}{16}$ von der Länge der geraden Seiten des Farbenbildes), so fand ich die Differenz der Abstände ihrer Brennpunkte von der Linse bisweilen $4\frac{3}{4}$, manchmal $5\frac{1}{4}$, meistens aber gegen 5 Zoll, und 11 zu 12, oder 15 zu 16 verhält sich wie 5 zu $5\frac{1}{2}$ oder $5\frac{1}{3}$.

Durch diese Folge von Versuchen überzeugte ich mich vollkommen, dass, wenn das Licht an den eigentlichen Enden des Spectrums stark genug gewesen wäre, um das Bild der schwarzen Linien deutlich auf dem schwarzen Papiere erscheinen zu lassen, dass dann der Brennpunkt des tiefsten Violett sich wenigstens etwa $5\frac{1}{3}$ Zoll näher an der Linse gefunden haben würde, als der Brennpunkt des tiefsten Roth. Dies ist ein weiterer Beweis dafür, dass die Sinus des Einfalls und der Brechung der verschiedenen Strahlenarten bei den kleinsten wie bei den grössten Brechungen zu einander dasselbe Verhältniss behalten.

Ich habe mein Verfahren bei diesem mühsamen und grosse Sorgfalt erheischenden Versuche umständlich beschrieben, um Diejenigen, die ihn nach mir unternehmen wollen, auf die Vorsichtsmaassregeln aufmerksam zu machen, die zu seinem guten Gelingen gehören. Und wenn er ihnen nicht so gut gelingt, wie mir, so werden sie dessenungeachtet aus dem Verhältniss der Entfernung der Farben zur Differenz der Abstände ihrer Brennpunkte von der Linse sich ein Urtheil bilden können, wie bei einem besseren Versuche mit den entfernteren Farben der Erfolg gewesen sein würde. Wenn sie jedoch eine grössere Linse benutzen als ich, und dieselbe an einem langen geraden Stabe befestigen, durch den sie bequem und genau auf die

Farbe eingestellt werden kann, deren Brennpunkt gesucht wird,
so wird unzweifelhaft der Versuch damit noch besser gelingen,
als bei mir. Denn ich habe nur, so gut ich konnte, die Axe
gegen die Mitte der Farben gerichtet, und dann warfen die
schwachen Enden des Spectrums, da sie weit von der Axe
waren, ihr Bild weniger deutlich auf das Papier, als der Fall
gewesen wäre, wenn ich die Axe der Reihe nach auf die einzelnen Farben gerichtet hätte.

Aus dem Gesagten ergiebt sich als sicher, dass die Strahlen von verschiedener Brechbarkeit nicht nach demselben
Brennpunkte hin convergiren. Wenn sie aber von einem leuchtenden Punkte ausgehen, der ebenso weit von der Linse liegt,
wie auf der anderen Seite ihre Brennpunkte, so wird der
Brennpunkt der brechbarsten Strahlen um etwa den 14. Theil
der ganzen Entfernung näher an der Linse liegen, als der
Brennpunkt der am wenigsten brechbaren Strahlen; und wenn
sie von einem leuchtenden Punkte kommen, der so weit von
der Linse liegt, dass sie vor ihrem Eintritte als parallel betrachtet werden können, so wird der Brennpunkt der brechbarsten Strahlen um ungefähr den 27. oder 28. Theil der
ganzen Entfernung näher bei der Linse liegen, als der Brennpunkt der am wenigsten brechbaren Strahlen. Der Durchmesser des Kreises in dem Zwischenraume zwischen diesen
beiden Brennpunkten, den die Strahlen beleuchten, wenn sie
dort auf eine zur Axe senkrechte Ebene fallen, und zwar des
kleinsten Kreises, in welchen sie vereinigt werden können, ist
$\frac{1}{55}$ von der Oeffnung des Glases. So ist es noch ein Wun-
der, dass die Fernrohre die Gegenstände so deutlich darstellen,
wie es der Fall ist; und wären die Lichtstrahlen alle gleich
brechbar, so würde der aus der sphärischen Gestalt der Gläser
entspringende Fehler viele hundert Mal kleiner sein. Denn
wenn das Objectiv eines Fernrohrs planconvex und die ebene
Seite dem Objecte zugekehrt ist, und wenn der Durchmesser
der Kugel, von der die Linse ein Segment ist, D heisst, der
Halbmesser der Oeffnung des Glases S, und wenn beim Uebergange aus Glas in Luft der Sinus des Einfalls zum Sinus der
Brechung im Verhältnisse $I:R$ steht, so werden die parallel
zur Axe kommenden Strahlen an der Stelle, wo das Bild des
Objects am deutlichsten erscheint, ganz über einen kleinen
Kreis verstreut sein, dessen Durchmesser sehr nahe $= \dfrac{R^2}{I^2} \cdot \dfrac{S^3}{D^2}$
ist, was ich erhalte, wenn ich die Fehler der Strahlen nach

der Methode der unendlichen Reihen berechne und die Ausdrücke vernachlässige, deren Grösse unbeträchtlich ist [10]). Wenn
z. B. der Sinus des Einfalls I zum Sinus der Brechung R im
Verhältniss 20 : 31 steht, und wenn der Durchmesser D der
Kugel, welcher die convexe Seite des Glases angehört, 100 Fuss
oder 1200 Zoll ist, und S, der Durchmesser der Oeffnung,
2 Zoll beträgt, so wird der Durchmesser des kleinen Kreises,

d. i. $\dfrac{R^2}{I^2} \cdot \dfrac{S^3}{D^2} = \dfrac{31 \cdot 31 \cdot 8}{20 \cdot 20 \cdot 1200 \cdot 1200} = \dfrac{961}{72\,000\,000}$ Zoll sein.

Aber der Durchmesser des kleinen Kreises, über den diese
Strahlen zufolge ihrer verschiedenen Brechbarkeit ausgebreitet
sind, wird etwa den 55 sten Theil der Oeffnung des Objectivglases bilden, welche in diesem Falle 4 Zoll beträgt. Daher
verhält sich der Fehler, der von der sphärischen Gestalt des
Glases herrührt, zu dem aus der verschiedenen Brechbarkeit
der Strahlen entspringenden Fehler, wie $\dfrac{961}{72\,000\,000}$ zu $\dfrac{4}{55}$,
d. i. wie 1 : 5449, und braucht wegen seiner verhältniss-
mässigen Kleinheit nicht beachtet zu werden.

Wenn aber die durch die verschiedene Brechbarkeit der
Strahlen verursachten Fehler so gross sind, wie kommt es,
wird man fragen, dass die Objecte durch Fernrohre so genau
erscheinen, wie es der Fall ist? Ich antworte: das rührt
daher, dass die fehlerhaften Strahlen nicht gleichmässig über
den ganzen Kreis verbreitet sind, sondern unendlich viel
dichter im Mittelpunkte convergiren, als an irgend einer anderen Stelle des Kreises, und dass sie vom Mittelpunkte aus
nach der Peripherie hin continuirlich immer spärlicher werden,

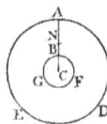

Fig. 27.

bis sie dort schliesslich unendlich selten und
deshalb nicht stark genug sind, um dort sichtbar zu sein, ausser im Mittelpunkte und ganz
nahe dabei. Sei ADE (in Fig. 27) einer dieser
Kreise mit dem Mittelpunkte C und dem Radius
AC, und BFG ein kleinerer, concentrischer
Kreis, der den Halbmesser AC in B schneidet.
Man halbire AC in N, so wird sich die Dichte
des Lichts an irgend einem Orte B zu der in N verhalten,
wie AB zu BC, und das ganze Licht innerhalb des kleineren
Kreises BFG zum ganzen Lichte innerhalb des grösseren
AED, wie der Ueberschuss von AC^2 über AB^2 sich zu
AC^2 verhält. Wenn z. B. BC der fünfte Theil von AC ist,

so wird das Licht in B viermal schwächer sein als in N, und das ganze Licht innerhalb des kleineren Kreises wird sich zum ganzen Lichte innerhalb des grösseren verhalten, wie 9 : 25. Daraus ist klar, dass das Licht innerhalb des kleinen Kreises unsere Sinne viel kräftiger erregen muss, als das schwache und ringsum ausgebreitete Licht zwischen jenem und dem Umfange des grösseren Kreises.

Aber es ist weiter zu beachten, dass die hellsten der prismatischen Farben das Gelb und das Orange sind; sie erregen die Empfindung viel kräftiger, als alle übrigen zusammengenommen; ihnen am nächsten stehen hinsichtlich der Intensität das Roth und Grün; im Vergleich mit diesen ist Blau eine schwache und dunkle Farbe, und noch viel dunkler und schwächer sind Indigo und Violett, so dass diese im Vergleich zu den hellen Farben wenig in Betracht kommen. Die Bilder der Objecte dürfen deshalb nicht in den Brennpunkt der Strahlen von mittlerer Brechbarkeit, die an der Grenze von Grün und Blau liegen, sondern müssen in den Brennpunkt der Strahlen in der Mitte von Orange und Gelb gestellt werden, wo die Farbe am glänzendsten leuchtet, d. h. in das hellste, mehr zum Orange, als zum Grün neigende Gelb. Durch die Brechung dieser Strahlen (bei denen der Sinus des Einfalls sich zum Sinus der Brechung im Glase wie 17 : 11 verhält) muss man die Brechung des Glases und des zu optischen Zwecken gebrauchten Krystalls [11]) messen. Stellen wir also das Bild des Objects in den Brennpunkt dieser Strahlen, so wird alles Gelb und Orange innerhalb eines Kreises fallen, dessen Durchmesser ungefähr der 250 ste Theil der Oeffnung des Glases ist. Fügt man noch die hellere Hälfte des Roth hinzu (die Hälfte nächst dem Orange) und die hellere vom Grün (nächst dem Gelb), so wird ungefähr $\frac{3}{5}$ des Lichts dieser zwei Farben in den nämlichen Kreis fallen und $\frac{2}{5}$ ausserhalb rings herum, und das hinausfallende über beinahe noch einmal soviel Raum verstreut sein, wie das hineinfallende und mithin im Grossen und Ganzen fast dreimal dünner sein. Von der anderen Hälfte des Roth und Grün (d. i. dem dunklen tiefen Roth und dem Weidengrün) wird ungefähr $\frac{1}{4}$ in den Kreis hinein, und $\frac{3}{4}$ ausserhalb fallen, und das letztere wird über etwa 4 bis 5 mal so viel Raum ausgebreitet sein, wie das erstere, und mithin im Ganzen dünner sein und zwar, mit dem ganzen Lichte innerhalb verglichen, etwa 25mal dünner, als alles Licht im Ganzen genommen, oder vielmehr 30—40 mal dünner, weil das

tiefe Roth vom Ende des prismatischen Farbenbildes sehr
schwach und das Weidengrün etwas schwächer ist, als das
Orange und Gelb. Da also das Licht dieser Farben so bedeutend schwächer ist, als das im Innern des Kreises, so wird
es kaum wahrnehmbar sein, zumal das tiefe Roth und das
Weidengrün dieses Lichts viel dunklere Farben sind, als die
anderen. Und aus demselben Grunde können auch Blau und
Violett, als noch viel dunklere Farben, vernachlässigt werden.
Denn das dichte und glänzende Licht in dem Kreise wird das
dünne und schwache Licht ringsherum zurücktreten lassen,
so dass es kaum empfunden wird. Das wahrnehmbare Bild eines
leuchtenden Punktes ist daher kaum breiter, als ein Kreis,
dessen Durchmesser der 250ste Theil vom Durchmesser der
Oeffnung des Objectivglases eines guten Fernrohrs ist, oder
doch nicht viel breiter, mit Ausnahme eines schwachen,
dunklen, nebeligen Lichts rings herum, welches der Beobachter kaum beachten wird. In einem Fernrohr also, dessen
Oeffnung 4 Zoll und dessen Länge 100 Fuss ist, wird dieses
Bild kaum $2''45'''$ oder $3''$ überschreiten, und in einem Fernrohr von 2 Zoll Oeffnung und 20—30 Fuss Länge mag es
etwa 5 oder $6''$ und kaum mehr betragen. Dies entspricht
auch ganz gut der Erfahrung; denn einige Astronomen
haben den Durchmesser der Fixsterne in Fernrohren, deren
Länge zwischen 20 und 60 Fuss war, zu ungefähr $5—6''$,
oder höchstens $8—10''$ gefunden. Wenn aber das Ocular mittelst Lampen- oder Fackelrauch geschwärzt wird, um das
Licht des Sternes zu verdunkeln, so hört das schwache
Licht in der Umgebung des Sternes auf, sichtbar zu sein, und
der Stern erscheint bei genügender Schwärzung durch Rauch
viel ähnlicher einem mathematischen Punkte. Aus diesem
Grunde muss dieses unregelmässige Licht in der Umgebung
jedes leuchtenden Punktes in kürzeren Fernrohren weniger
sichtbar sein, als in längeren, da die kürzeren weniger Licht
zum Auge hindurchlassen.

Dass nun die Sterne wegen ihrer ungeheueren Entfernung
wie Punkte erscheinen, soweit nicht ihr Licht durch Brechung
ausgebreitet wird, erhellt aus Folgendem: wenn der Mond über
sie hinwegschreitet und sie verfinstert, so verschwindet ihr
Licht nicht, wie das der Planeten, allmählich, sondern ganz
plötzlich und kehrt beim Ende der Bedeckung plötzlich, oder
doch sicherlich in weniger als einer Secunde in die Sichtbar-
keit zurück, indem die Brechung durch die Mondatmosphäre

die Zeit ein wenig verlängert, in der das Licht des Sternes erst verschwindet und dann wieder erscheint.

Wenn wir jetzt annehmen, das wahrnehmbare Bild eines leuchtenden Punktes sei selbst 250 mal weniger breit als die Oeffnung des Glases, so würde doch das Bild noch immer viel grösser sein, als wenn es nur durch die sphärische Gestalt des Glases vergrössert würde. Denn ohne die verschiedene Brechbarkeit der Strahlen müsste seine Breite in einem 100 Fuss langen Fernrohre mit 4 Zoll Oeffnung nur $\frac{961}{72\,000\,000}$ Zoll sein, wie aus der obigen Rechnung klar ist. Daher würden sich in diesem Falle die grössten Fehler, die aus der sphärischen Gestalt des Glases entspringen, zu den grössten merkbaren Fehlern wegen der verschiedenen Brechbarkeit der Strahlen verhalten, wie $\frac{961}{72\,000\,000}$ zu höchstens $\frac{4}{250}$, d. i. nur etwa wie 1 : 1200. Dies zeigt zur Genüge, dass nicht die sphärische Gestalt der Gläser, sondern die verschiedene Brechbarkeit der Strahlen der Vollkommenheit der Fernrohre hinderlich ist.

Es giebt noch einen andern Beweisgrund, aus dem man ersehen kann, dass die verschiedene Brechbarkeit der Strahlen die wahre Ursache der Unvollkommenheit der Fernrohre ist. Die aus der sphärischen Gestalt der Objectivgläser entspringenden Fehler der Strahlen verhalten sich wie die Kuben der Oeffnungen der Gläser; um daher Fernrohre von verschiedener Länge herzustellen, die mit gleicher Genauigkeit vergrössern, müssten sich die Oeffnungen der Objective und der vergrössernden Kräfte, wie die Kuben der Quadratwurzeln aus der Länge verhalten; und dies entspricht nicht der Erfahrung. Aber die von der verschiedenen Brechbarkeit der Strahlen herrührenden Fehler verhalten sich wie die Oeffnungen der Objectivgläser, und um auf Grund dessen Fernrohre von verschiedenen Längen, die mit gleicher Genauigkeit vergrössern, herzustellen, müssten sich deren Oeffnungen und vergrössernde Kräfte wie die Quadratwurzeln aus ihren Längen verhalten; und dies entspricht bekanntlich der Erfahrung. Ein Fernrohr z. B. von 64 Fuss Länge und $2\frac{2}{3}$ Zoll Oeffnung vergrössert mit derselben Genauigkeit 120 mal, wie ein Fernrohr von 1 Fuss Länge und $\frac{1}{3}$ Zoll Oeffnung 15 mal.

Wäre nicht diese verschiedene Brechbarkeit der Strahlen, so liessen sich die Fernrohre zu grösserer Vollkommenheit bringen, als die bisher beschriebenen, wenn man die Objective aus zwei Gläsern zusammensetzte und den Raum zwischen ihnen mit Wasser füllte. Sei $ADFC$ (in Fig. 28) das aus zwei Gläsern $ABED$ und $BEFC$ bestehende Objectiv, gleichstark convex an den Aussenseiten AGD und CHF und gleichstark concav an den Innenseiten BME und BNE, mit Wasser im Hohlraume $BMEN$. Der Sinus des Einfalls aus Glas in Luft sei $I:R$, aus Wasser in Luft $K:R$, mithin aus Glas in Wasser $I:K$; der Durchmesser der Kugel, nach welcher die convexen Seiten AGD

Fig. 28.

und CHF geschliffen sind, sei D, und der Durchmesser der Kugel, nach welcher die concaven Seiten BME und BNE geschliffen sind, verhalte sich zu D, wie $\sqrt[3]{KK - KI} : \sqrt[3]{RK - RI}$, so werden die Brechungen an den concaven Seiten der Gläser die Fehler der Brechungen an den convexen Seiten, insoweit sie von der sphärischen Gestalt her rühren, bedeutend verbessern. Dies wäre ein Mittel, die Fernrohre zu genügender Vollkommenheit zu bringen, wenn nicht die verschiedene Brechbarkeit der verschiedenen Strahlenarten bestünde. So aber sehe ich kein anderes Mittel, allein mit Hilfe der Brechungen die Fernrohre zu verbessern, als das, ihre Länge zu vergrössern; und hierzu scheint die jüngst von *Huyghens* gemachte Entdeckung sehr geeignet[12]. Denn sehr lange Fernrohre sind unbequem und schwer zu handhaben, auch wegen ihrer Länge sehr geneigt, sich zu biegen und so zu wanken, dass sie die Objecte beständig zittern und nur schwer deutlich erkennen lassen, wogegen durch Anwendung der Erfindung von *Huyghens* die Gläser leicht handlich und das Objectiv durch Befestigung an einem aufrechten, festen Gestelle standhafter wird.

Da ich also sah, dass es eine verzweifelte Sache ist, Fernrohre von gegebener Länge durch die Brechungen verbessern zu wollen, so habe ich früher einmal ein auf Reflexion beruhendes Perspectiv ersonnen[13], indem ich anstatt eines Objectivglases ein concaves Metall anwandte. Der Durchmesser der Kugel, nach welcher das concave Metall geschliffen war, betrug etwa 25 englische Zoll und folglich die Länge des Instruments $6\frac{1}{4}$ Zoll. Das Ocular war planconvex und der Durchmesser der der convexen Seite entsprechenden Kugel $\frac{1}{5}$ Zoll oder etwas weniger; es vergrösserte mithin 30—40 mal; durch eine andere Messung fand ich, dass es ungefähr 35 mal

vergrösserte. In dem concaven Metalle befand sich eine Oeffnung von 1⅓ Zoll Durchmesser; diese war aber nicht durch
einen dunklen, den Metallrand ringsum bedeckenden Kreis
begrenzt, sondern durch einen zwischen Ocular und Auge an-
gebrachten dunklen Kreis, der in der Mitte eine kleine runde
Oeffnung für den Durchgang der Strahlen nach dem Auge
hatte. Dieser Kreis hielt an dieser Stelle viel fehlerhaftes
Licht auf, welches sonst beim Hindurchblicken gestört hätte.
Als ich dieses Instrument mit einem guten, 4 Fuss langen
Perspectiv verglich, welches ein concaves Ocular hatte, konnte
ich mit meinem eigenen Instrumente auf grössere Entfernung
hin lesen, als mit diesem Glase, jedoch erschienen die Objecte
viel dunkler, als im Glase, theils deshalb, weil durch die Reflexion im Metall mehr Licht verloren ging, als durch die
Brechung im Glase, theils auch, weil mein Instrument für
stärkere Vergrösserungen gebaut war. Hätte es nur 30 oder
25 mal vergrössert, so hätte es die Objecte lebhafter und an-
genehmer erscheinen lassen. Zwei solche Instrumente habe
ich vor ungefähr 16 Jahren angefertigt und habe das eine
noch in meinem Besitz, durch welches ich die Wahrheit dessen, was ich hier sage, beweisen kann; doch ist es nicht so
gut, wie das erste, da der Hohlspiegel mehrmals mattirt und
durch Reiben mit ganz weichem Leder wieder blank geschliffen
worden ist. Als ich dies machte, unternahm ein Londoner Künstler, es nachzuahmen, blieb aber, indem er sich einer andere
Methode des Schleifens bediente, weit hinter meinen Erfolgen
zurück, wie ich später einmal aus einem Gespräche mit einem
seiner Arbeiter erfuhr, den er dazu verwendet hatte. Meine
Art zu poliren war folgende: Ich nahm zwei runde Kupfer-
platten, jede von 6 Zoll Durchmesser, eine convexe und eine
concave, die sehr genau auf einander passten. Auf der convexen rieb ich das concave oder Objectivmetall, welches geschliffen werden sollte, so lange, bis es die Gestalt der convexen hatte und zur Politur fertig war. Hierauf überzog ich
das convexe Metall mit einer ganz dünnen Schicht von Pech,
welches ich geschmolzen darauf träufelte, und erhielt das Pech
durch Erwärmen weich, während ich es mit der angefeuch-
teten concaven Kupferplatte presste und rieb, um es gleichmässig über die convexe Platte zu verbreiten. Durch sorgfältiges Arbeiten machte ich diese Pechschicht so dünn, wie
ein 4 Pence-Stück, und nachdem die convexe Platte erkaltet
war, rieb ich wieder, um ihr, so gut ich konnte, die richtige

Gestalt zu geben. Hierauf nahm ich Zinnasche, die ich durch
sorgfältiges Waschen von allen gröberen Partikeln befreit und
sehr fein gemacht hatte, legte davon ein wenig auf das Pech
und verrieb sie mit der concaven Kupferplatte, bis kein Geräusch mehr hörbar war, dann rieb ich mit rascher Bewegung
die Objectivplatte auf dem Pech unter kräftigem Druck 2 bis
3 Minuten lang, that frischen Zinnsand auf das Pech, rieb
wieder, bis es kein Geräusch mehr gab, und rieb dann die
Objectivplatte darauf, wie zuvor. Dies setzte ich fort, bis das
Metall polirt war, indem ich zuletzt mit aller meiner Kraft
eine ziemliche Weile rieb und dabei häufig auf das Pech
hauchte, um es feucht zu machen, ohne frischen Zinnsand
aufzulegen. Das Objectivmetall war 2 Zoll breit und, um es
vor Biegung zu bewahren, etwa $\frac{1}{3}$ Zoll dick. Ich hatte zwei
solche Metallobjective, und als ich sie beide polirt hatte,
probirte ich, welches das bessere sei, und bearbeitete das andere wieder, um zu sehen, ob ich es noch vollkommener her-
stellen könnte, als das, was ich behielt. So lernte ich durch
viele Proben die Methode des Schleifens, bis ich endlich die
zwei Spiegelteleskope machte, von denen ich vorhin sprach.
Diese Art zu schleifen lernt man besser durch wiederholte
Uebung, als aus meiner Beschreibung. Bevor ich das Objectivmetall auf dem Peche bearbeitete, rieb ich allemal mit der
concaven Kupferplatte die Zinnasche auf ihm, bis kein Geräusch
mehr wahrgenommen wurde, weil die kleinsten Theilchen der
Zinnasche, wenn sie nicht fest in das Pech eindringen, beim
Hin- und Herrollen das Objectivmetall zerkratzen und reiben
und eine Menge kleiner Löcher machen würden.

Da aber Metall schwerer zu schleifen ist, als Glas, und
nachher auch sehr leicht durch Trübewerden wieder verdirbt,
ausserdem das Licht nicht so leicht reflectirt, wie amalga-
mirtes Glas, so würde ich vorschlagen, anstatt Metall ein auf
der Vorderseite concav, auf der Rückseite ebenso stark convex geschliffenes Glas zu benutzen, welches auf der convexen
Seite amalgamirt würde. Dies Glas muss überall von genau
gleicher Dicke sein, da sonst die Objecte farbig und undeutlich erscheinen. Aus einem solchen Glase versuchte ich vor
5 oder 6 Jahren ein Spiegelteleskop von 4 Fuss Länge zu
machen, welches 150 mal vergrössern sollte, und kam zu der
Ueberzeugung, dass es nur an einem geschickten Künstler fehlt,
diese Absicht zur Ausführung zu bringen. Denn das Glas,
welches von einem unserer Londoner Künstler nach der Me-

thode, wie sie Fernrohrgläser schleifen, bearbeitet war, schien
zwar ebenso gut gearbeitet, wie es diese gewöhnlich sind, als
es aber amalgamirt war, liess die Reflexion unzählige Ungleichheiten, über das ganze Glas vertheilt, erkennen, so dass die
Objecte durch dieses Instrument ganz undeutlich erschienen.
Denn die von Ungleichheiten im Glase stammenden Fehler der
reflectirten Strahlen sind ungefähr sechsmal so gross, als die
auf dieselbe Weise hervorgerufenen Fehler der gebrochenen
Strahlen. Indessen überzeugte ich mich bei diesen Versuchen,
dass die Reflexion an der concaven Seite des Glases, von der
ich fürchtete, dass sie beim Hindurchblicken stören würde,
dies doch nicht merklich beeinträchtigte, dass also nichts zur
Vervollkommnung solcher Fernrohre fehlt, als gute Arbeiter,
welche genau sphärisch zu schleifen und zu poliren verstehen.
Ich habe einmal ein Objectivglas eines 14 Fuss langen Fernrohrs, welches ein Londoner Künstler gefertigt hatte, bedeutend verbessert, indem ich es mit Zinnasche auf Pech polirte
und dabei nur ganz leicht aufdrückte, damit die Zinnasche
nicht ritzte.   Ob nicht diese Methode für die Politur der zu
Reflectoren bestimmten Gläser genügen würde, habe ich nicht
ausprobirt; wer aber diese oder eine andere Schleifmethode,
die er für besser hält, versuchen will, der wird gut thun,
seine zur Politur bestimmten Gläser beim Schleifen nicht mit
solcher Gewalt zu drücken, wie es bei unseren Londoner Ar-
beitern üblich ist. Um daher die Bedeutung solcher Spiegelteleskope den Künstlern zu empfehlen, die sich in der Herstellung derselben vervollkommnen wollen, will ich in der
folgenden Proposition dieses optische Instrument beschreiben.

Prop. VIII.   Aufgabe 2.

Fernrohre zu verkürzen.

Es sei $abcd$ in Fig. 29, S. 72, ein auf der Vorderseite ab
concaves und auf der Rückseite cd ebenso stark convexes Glas,
also überall von gleicher Dicke. Es darf nicht an einer Seite
dicker sein, als an der anderen, damit es die Gegenstände
nicht farbig und undeutlich zeigt; es möge sehr sorgfältig gearbeitet und auf der Rückseite amalgamirt sein und werde in
das in seinem Inneren durchaus geschwärzte Rohr $vxyz$ ein-
gesetzt. Nahe am anderen Ende des Rohres sei in der Mitte

desselben ein Prisma *efg* von Glas oder Bergkrystall mittelst
eines Stieles von Messing oder Eisen *fgk* befestigt, an dessen
flaches Ende es angekittet ist. Das Prisma sei bei *e* rechtwinkelig und die beiden anderen Winkel bei *f* und *g* seien
genau einander gleich, also jeder ein halber Rechter; die ebenen
Flächen *fe* und *ge* seien quadratisch, mithin *fg* ein rectangu-
läres Parallelogramm, dessen Länge sich zur Breite verhält,
wie $\sqrt{2} : 1$. Das Prisma stehe so im Rohre, dass die Axe des
Spiegels senkrecht durch den Mittelpunkt der quadratischen
Fläche *ef* geht und folglich die Mitte von *fg* unter 45° trifft.
Die Seite *ef* sei dem Spiegel zugekehrt und die Entfernung
des Prismas vom Spiegel so gewählt, dass die parallel der

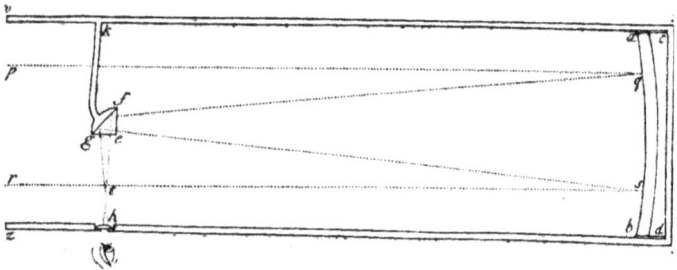

Fig. 29.

Axe auf den Spiegel fallenden Strahlen *pq*, *rs* u. s. w. an
der Seite *ef* in das Prisma eintreten, von *fg* reflectirt werden
und von da durch die Seite *ge* nach dem Punkte *t* hinaus-
gehen, welcher der gemeinsame Brennpunkt des Spiegels *abdc*
und eines planconvexen Oculars *h* sein muss, durch das die
Strahlen ins Auge gelangen. Bei ihrem Austritt aus dem Glase
mögen die Strahlen durch ein kleines rundes Loch in einer
kleinen Blei-, Messing- oder Silberplatte gehen, mit der das
Glas bedeckt sein muss, und dieses Loch soll nicht grösser
sein, als dass eine genügende Menge Licht hindurchgehen kann.
Denn alsdann wird es das Object deutlich erscheinen lassen,
da die Platte, in welche das Loch gemacht ist, alle fehlerhaften Strahlen des von den Rändern des Spiegels *ab* kommenden Lichts auffängt. Wenn ein solches Instrument gut
gebaut ist und, vom Spiegel bis zum Prisma und von da bis
zum Brennpunkte *f* gerechnet, 6 Fuss lang ist, so wird es

beim Spiegel eine Oeffnung von 6 Zoll haben und 200—300 mal vergrössern. Aber hier ist es vortheilhafter, die Oeffnung bei dem Loche h zu verkleinern, als am Spiegel. Macht man das Instrument grösser oder kleiner, so muss die Oeffnung dem Cubus der Quadratwurzel aus der Länge und die vergrössernde Kraft der Oeffnung proportional sein. Es ist aber passend. dass der Spiegel 1—2 Zoll grösser ist, als die Oeffnung, und dass das Glas des Spiegels dick ist, damit es beim Bearbeiten sich nicht verbiegt. Das Prisma efg darf nicht grösser sein als nothwendig, und seine Rückseite fg braucht nicht amalgamirt zu sein, denn sie wird auch ohne Quecksilber alles vom Spiegel darauf fallende Licht reflectiren.

In diesem Instrumente erscheint das Object verkehrt; man kann es aber aufrecht erhalten, wenn man die quadratischen Flächen ef und eg des Prismas efg nicht eben, sondern sphärisch-convex macht, so dass die Strahlen sich kreuzen sowohl ehe sie darauf fallen, als nachher zwischen ihm und dem Ocular. Will man Instrumente von grösserer Oeffnung haben, so kann dies erreicht werden, wenn man den Spiegel aus zwei Gläsern mit Wasser dazwischen zusammensetzt.

Wenn[14] die Theorie der Fernrohre vollkommen in die Praxis umgesetzt werden könnte, so würde es doch noch gewisse Grenzen geben, über welche hinaus die Fernrohre nicht vervollkommnet werden können. Denn die Luft, durch welche wir nach den Sternen blicken, ist in beständigem Erzittern, wie wir an der zitternden Bewegung der Schatten hoher Thürme und aus dem Flimmern der Fixsterne erkennen. Aber die Sterne funkeln nicht, wenn wir sie durch Fernrohre betrachten, welche grosse Oeffnungen haben. Denn indem die durch verschiedene Theile der Oeffnung gelangenden Lichtstrahlen jeder besonders zittern, fallen sie zufolge der verschiedenen und manchmal entgegengesetzten Schwankungen zu gleicher Zeit auf verschiedene Stellen der Netzhaut und ihre zitternden Bewegungen sind zu schnell und verworren, um einzeln wahrgenommen zu werden. Alle diese erleuchteten Punkte geben nun zusammen einen breiten und hellen Fleck, der aus diesen zahlreichen zitternden und durch sehr kurze und schnelle Schwankungen unmerklich mit einander vermischten Strahlen zusammengesetzt ist, und veranlassen dadurch, dass der Stern breiter erscheint, als er ist, und ohne irgend ein Zittern in seinem ganzen Aussehen. Lange Fernrohre können die Objecte heller und grösser erscheinen lassen, als kurze, können

aber nicht so gebaut werden, dass sie die vom Zittern der
Atmosphäre herrührende Verwirrung der Strahlen beseitigen.
Hier ist das einzige Mittel klare und ruhige Luft, so wie man
sie vielleicht auf dem Gipfel der höchsten Berge oberhalb der
dichten Wolken findet.

Zweiter Theil.

Prop. I. Lehrsatz 1.

Die Farbenerscheinungen bei gebrochenem oder
reflectirtem Lichte entstehen nicht durch neue
Modificationen des Lichts, die ihm gemäss den
verschiedenen Begrenzungen von Licht und Schatten in verschiedener Weise aufgeprägt werden.

Beweis durch Versuche.

1. Versuch. Wenn die Sonne durch eine längliche, $\frac{1}{6}$
oder $\frac{1}{8}$ Zoll breite oder noch schmalere Oeffnung F (Fig. 30)

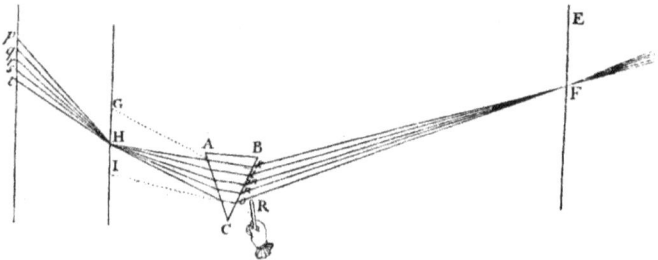

Fig. 30.

in ein sehr dunkles Zimmer scheint und der Lichtstrahl FH
nachher durch ein sehr grosses Prisma ABC geht, welches
parallel zu ihr und etwa 20 Fuss von ihr entfernt ist, und
alsdann der weisse Theil desselben durch eine längliche, etwa
$\frac{1}{4}$ oder $\frac{1}{6}$ Zoll breite Oeffnung H geht, die in einem dunklen,
schwarzen Körper GI in einer Entfernung von 2—3 Fuss

vom Prisma, diesem und der ersten Oeffnung parallel, ange-
bracht ist, und wenn dieses durch H gehende weisse Licht
nachher auf ein weisses Papier $p\,t$ in 3—4 Fuss Entfernung
hinter H fällt und dort die gewöhnlichen prismatischen Farben hervorruft, z. B. Roth bei t, Gelb bei s, Grün bei r,
Blau bei q und Violett bei p, so kann man mit einem Stück
Draht oder mit einem ähnlichen, dünnen, undurchsichtigen
Körper von etwa $\frac{1}{10}$ Zoll Breite die Strahlen bei k, l, m,
n oder o und dadurch eine der Farben bei t, s, r, q oder p
verschwinden lassen, während die übrigen auf dem Papier
bleiben, wie zuvor, oder man kann mit einem etwas dickeren
Hinderniss irgend zwei, drei oder vier Farben zugleich auffangen
und die übrigen vorbeilassen. Auf diese Weise kann, ebenso
gut wie das Violett, irgend eine andere Farbe die äusserste
an der Schattengrenze bei p oder, ebenso gut wie das Roth,
an der Grenze bei t werden; jede Farbe kann auch an den
Schatten grenzen, der innerhalb der Farben durch das einige
mittlere Strahlen des Lichts auffangende Hinderniss R entsteht, und schliesslich kann irgend eine der Farben, wenn sie
allein übrig bleibt, den Schatten an beiden Seiten einsäumen.
Mithin können alle Farben zu irgend welchen Schattengrenzen
werden, und deshalb können die Unterschiede dieser Farben
nicht aus den verschiedenen Grenzen des Schattens entstehen,
durch welche das Licht etwa verschieden modificirt werde, wie
die Naturforscher bisher gemeint haben. Bei diesen Versuchen
muss beachtet werden, dass sie um so besser gelingen, je
enger die Oeffnungen F und H und je grösser der Zwischenraum zwischen ihnen und dem Prisma ist und je dunkler das
Zimmer gemacht wird, vorausgesetzt, dass das Licht nur so
weit vermindert wird, dass die Farben bei $p\,t$ noch deutlich
sichtbar sind. Da es schwer sein wird, sich ein für diesen
Versuch genügend grosses Prisma zu verschaffen, muss man
sich aus geschliffenen und zusammengekitteten Glasplatten ein
prismatisches Gefäss verfertigen, welches man mit Salzwasser
oder klarem Oele füllt.

2. Versuch. Durch die $\frac{1}{4}$ Zoll weite, runde Oeffnung F
(Fig. 31, S. 76) wurde Sonnenlicht in ein dunkles Zimmer geleitet,
ging durch das bei der Oeffnung aufgestellte Prisma $A\,B\,C$,
dann durch eine etwas mehr als 4 Zoll grosse Linse $P\,T$ in
8 Fuss Entfernung vom Prisma, convergirte alsdann in dem
Brennpunkte O der Linse, die etwa 3 Fuss entfernt war, und
fiel dort auf einen weissen Papierschirm $D\,E$. Wenn dieser

senkrecht zur Richtung des einfallenden Lichts stand, wie es
die Stellung DE zeigt, so erschien die Gesammtheit aller
Farben darauf als Weiss. Wenn aber der Papierschirm durch
Drehung um eine zum Prisma parallele Axe stark geneigt
gegen das Licht war, wie die Stellungen de und $\delta\varepsilon$ darstellen, so erschien das nämliche Licht in der einen Stellung

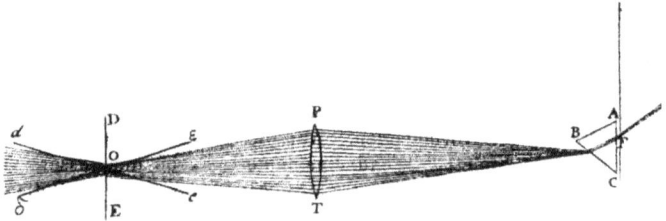

Fig. 31.

gelb und roth, in der anderen blau. Hier erschien also ein
und derselbe Theil des Lichts in einer und derselben Stellung
je nach den verschiedenen Neigungen des Papierschirms in
dem einen Falle weiss, in einem anderen gelb oder roth, im
dritten blau, während doch in allen diesen Fällen die Grenze
von Licht und Schatten und die Brechungen durch das Prisma
die nämlichen blieben.

3. Versuch. Ein anderer Versuch kann leicht folgendermaassen angestellt werden. Man lasse ein breites Bündel
Sonnenlicht, welches durch eine
Oeffnung im Fensterladen in
ein dunkles Zimmer fällt, durch
ein grosses Prisma ABC (Fig. 32)
mit einem brechenden Winkel
von mehr als 60° brechen und,
sowie es aus dem Prisma austritt, auf ein weisses Papier DE
fallen, welches auf eine ebene

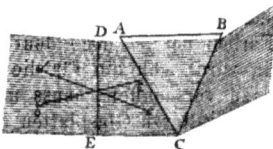

Fig. 32.

steife Fläche geklebt ist. Dann wird dieses Licht, wenn das
Papier dazu senkrecht steht, wie DE darstellt, auf dem Papier
vollkommen weiss erscheinen; wenn aber das Papier, immer
parallel der Axe, gegen die Richtung der Strahlen stark geneigt ist, so wird das Weiss des gesammten Lichts je nach
der Neigung des Papiers nach der einen oder anderen Seite

entweder in Gelb und Roth, wie in der Stellung de, oder in
Blau und Violett sich verwandeln, wie in der Stellung $\delta\varepsilon$.
Diese Farben werden noch deutlicher sein, wenn das Licht,
ehe es auf das Papier fällt, durch zwei parallele Prismen
zweimal in derselben Weise gebrochen wird. Hier werden
alle mittleren Theile des auf das Papier fallenden breiten,
weissen Lichtbündels, ohne dass irgend welche Schattengrenzen
es modificiren, durchweg und gleichförmig von e i n e r Farbe
sein, indem in der Mitte des Papiers die Farbe immer dieselbe ist, wie an den Rändern, und diese Farbe ändert sich
je nach der verschiedenen Neigung des reflectirenden Papiers
ohne irgend eine Aenderung in den Brechungen oder im
Schatten oder in dem auf das Papier fallenden Lichte. Deshalb sind diese Farben aus anderen Ursachen herzuleiten, als
aus neuen Modificationen des Lichts durch Brechungen und
Schatten.

Fragt man aber, was denn die Ursache derselben sei, so
antworte ich. dass das Papier, welches in der Stellung de
mehr gegen die brechbareren Strahlen geneigt ist, als gegen
die weniger brechbaren, durch die letzteren stärker beleuchtet
wird, als durch die ersteren, und deshalb die weniger brechbaren Strahlen im reflectirten Lichte vorherrschen. Wo diese
aber in irgend einem Lichte die vorherrschenden sind, färben
sie es roth oder gelb, wie dies in gewisser Weise schon aus
der ersten Proposition im I. Buche erhellt und in der Folge
noch deutlicher werden wird. Das Gegentheil tritt bei der
Stellung $\delta\varepsilon$ des Papiers ein, wo die brechbarsten Strahlen
überwiegen, die das Licht allemal blau und violett färben.

4. Versuch. Die Farben der Seifenblasen, mit denen
die Kinder spielen, sind verschieden und ändern auch in verschiedener Weise ihre Lage ohne irgend eine Beziehung zu
Schattengrenzen. Bedeckt man eine solche Seifenblase mit
einem hohlen Glase, damit sie vor Wind oder Luftbewegung
geschützt ist, so ändern die Farben langsam und regelmässig
ihre Lage, selbst wenn das Auge und die Seifenblase und alle
Licht aussendenden und Schatten werfenden Körper unbewegt
bleiben. Diese Farben entspringen deshalb irgend einer regelmässigen Ursache, die mit einer Schattengrenze nichts zu thun
hat. Was diese Ursache ist, wird im nächsten Buche gezeigt
werden.

Zu diesen Versuchen kann man noch den 10. des ersten
Theils dieses Buchs hinzufügen, wo das in ein dunkles Zimmer

geleitete Sonnenlicht, welches durch die parallelen Flächen
zweier in Gestalt eines Parallelepipeds zusammengestellten Prismen hindurchging, nach seinem Austritte vollkommen gleichmässig gelb oder roth gefärbt wurde. Hier kann die Schattengrenze nichts mit der Erzeugung der Farben zu thun haben,
denn das Licht geht ohne Störung der Schattengrenze allmählich vom Weiss in Gelb, Orange, Roth über; und an beiden
Rändern des austretenden Lichts, wo die entgegengesetzten
Schattengrenzen verschiedene Wirkungen hervorbringen müssten,
ist die Farbe ein und dieselbe, mag sie weiss, gelb, orange
oder roth sein; auch in der Mitte des austretenden Lichts, wo
es gar keine Schattengrenze giebt, ist die Farbe eben dieselbe,
wie an den Rändern, indem das ganze Licht schon im Momente
des Austritts von e i n e r gleichmässigen Farbe ist, entweder
weiss oder gelb, orange oder roth, und von da ohne solche
Aenderung der Farbe weiter geht, wie sie nach der gewöhnlichen Annahme durch die Schattengrenze in dem gebrochenen
Lichte nach seinem Austritte hervorgerufen werden soll. Auch
durch neue, aus Brechungen hervorgehende Modificationen des
Lichts können die Farben nicht entstehen, weil sie allmählich
von Weiss zu Gelb, Orange und Roth übergehen, während
doch die Brechungen inzwischen dieselben bleiben, und weil
die Brechungen durch parallele Flächen in entgegengesetztem
Sinne erfolgen und ihre Wirkungen gegenseitig aufheben. Mithin entstehen die Farben nicht durch irgend welche Modificationen des Lichts, die von Brechungen und Schatten herrühren,
sondern haben andere Ursachen. Welches diese sind, ist in
jenem 10. Versuche gezeigt worden und braucht hier nicht
wiederholt zu werden.

     Aber bei diesem Versuche ist noch ein anderer Umstand
wichtig. Dieses Licht war nämlich durch ein drittes Prisma
(1. Theil, Fig. 22) nach dem Papiere PT hin gebrochen worden
und hatte nach seinem Austritte dort die gewöhnlichen prismatischen Farben Roth, Gelb, Grün, Blau und Violett erzeugt;
wenn nun diese Farben durch Brechungen des Prismas, welche
das Licht modificirten, entstünden, so würden sie vor dem Eintritte in das Prisma nicht im Lichte enthalten gewesen sein.
Wir haben aber bei diesem Versuche gefunden, dass, wenn
durch Drehung der beiden ersten Prismen um ihre gemeinsame
Axe alle Farben ausser Roth zum Verschwinden gebracht waren,
das dieses übrigbleibende Roth bildende Licht in genau derselben rothen Farbe erschien, wie vor seinem Eintritt in das

dritte Prisma. Ueberhaupt sehen wir aus anderen Versuchen,
wenn die verschieden brechbaren Strahlen von einander getrennt
werden und eine Art derselben für sich betrachtet wird, dass
alsdann die Farbe des sie zusammensetzenden Lichts durch
keinerlei Brechungen oder Reflexionen geändert werden kann,
wie es doch der Fall sein müsste, wären die Farben nichts
Anderes, als Modificationen des Lichts, herbeigeführt durch
Brechungen, Reflexionen und Schatten. Diese Unveränderlichkeit der Farben will ich nun in der folgenden Proposition beschreiben.

Prop. II.   Lehrsatz 2.

Jedes homogene Licht hat seine eigene, dem Grade
seiner Brechbarkeit entsprechende Farbe, die durch
Reflexionen und Brechungen nicht geändert werden
kann.

In dem Versuche der Prop. IV des ersten Theils erschien
nach Trennung der heterogenen Strahlen von einander das
von den getrennten Strahlen gebildete Spectrum pt vom Ende
p aus gerechnet, wohin die brechbarsten Strahlen fielen, bis
zum andern Ende t, nach dem die wenigst-brechbaren fielen,
mit der Reihenfolge der Farben Violett, Indigo, Blau, Grün,
Gelb, Orange, Roth gefärbt, sammt allen zwischenliegenden
Abstufungen in continuirlicher Folge sich ändernder Farben.
Es ergaben sich also ebenso viele Grade von Farben, als Arten
verschieden brechbarer Strahlen.

5. Versuch. Dass nun diese Farben durch Brechung
nicht weiter verändert werden konnten, erkannte ich daraus,
dass ich einen ganz kleinen Theil des Lichts der Brechung
durch ein Prisma unterwarf, bald den einen, bald einen anderen kleinen Theil, wie dies im 12. Versuche des ersten Theils
beschrieben ist; denn durch eine solche Brechung wurde die
Farbe des Lichts nicht im mindesten geändert. Wenn ein
Theil des rothen Lichts gebrochen wurde, blieb es ganz dasselbe Roth wie zuvor; kein Orange, kein Gelb, kein Grün
oder Blau, noch irgend eine andere neue Farbe entstand durch
diese Brechung. Ebenso wenig änderte sich die Farbe in irgend
einer Weise durch wiederholte Brechungen, sondern blieb immer genau dasselbe Roth, wie zuerst. Die nämliche Unveränderlichkeit fand ich auch bei Blau, Grün oder anderen

Farben. Ebenso, wenn ich durch ein Prisma nach einem von
irgend einem Theile dieses homogenen Lichts beleuchteten
Körper blickte, wie im 14. Versuche des 1. Theils beschrieben, konnte ich keine neue, auf diesem Wege erzeugte Farbe
erblicken. Alle von zusammengesetztem Lichte beleuchteten
Körper erschienen, wie oben gesagt, durch Prismen undeutlich
und in verschiedenen neuen Farben, aber die mit homogenem
Lichte beleuchteten erschienen durch Prismen weder undeutlicher, noch anders gefärbt, als mit blossem Auge betrachtet.
Ihre Farben waren durch die Brechung in dem dazwischen
gebrachten Prisma nicht im mindesten verändert. Ich spreche
hier von einer merklichen Farbenveränderung; denn da das
Licht, welches ich hier homogen nenne, nicht absolut homogen
ist, so muss seine Ungleichartigkeit doch einen unbedeutenden
Farbenwechsel hervorrufen. Wenn aber die Ungleichartigkeit
so unbedeutend ist, wie sie durch den genannten Versuch in
Prop. IV gemacht werden kann, so war die Veränderung nicht
zu bemerken und soll deshalb bei Versuchen, wo die sinn-
liche Wahrnehmung entscheidet, überhaupt gar nicht in Betracht gezogen werden.

6. Versuch. Ebenso wie diese Farben durch Brechungen
nicht geändert werden konnten, waren sie auch durch Reflexionen unveränderlich. Denn alle weissen, grauen, rothen,
gelben, grünen, blauen oder violetten Körper, wie z. B. Papier, Asche, Mennige, Auripigment, Indigo, Bergblau, Gold,
Silber, Kupfer, Gras, blaue Blumen, Veilchen, verschieden-
farbige Seifenblasen, Pfauenfedern, Nierenholztinctur und ähnliche Körper, erscheinen in homogenem rothen Lichte gänzlich roth, im blauen Lichte ausschliesslich blau, im grünen ganz
grün, und so in anderen Farben. Im homogenen Lichte irgend
einer Farbe erscheinen alle diese Körper von der nämlichen
Farbe, mit dem alleinigen Unterschiede, dass manche das Licht
kräftiger, andere schwächer reflectiren. Doch habe ich niemals einen Körper gefunden, der, wenn er homogenes Licht
reflectirte, im Stande gewesen wäre, dessen Farbe wesentlich
zu ändern.

Aus alledem ist klar, dass, wenn das Sonnenlicht nur aus
einer Art Strahlen bestände, es in der ganzen Welt nur eine
einzige Farbe geben würde, und dass es nicht möglich wäre,
mittelst Reflexionen und Brechungen irgend welche neue Farbe
hervorzurufen, dass also die Verschiedenheit der Farben von
der Zusammensetzung des Lichts abhängt.

Definition.

Das homogene Licht und die Strahlen, welche roth erscheinen oder vielmehr welche die Gegenstände roth erscheinen lassen, nenne ich »Roth erregende«, die Lichtstrahlen, welche die Körper gelb, grün, blau und violett erscheinen lassen, Gelb erregende, Grün, Blau, Violett erregende u. s. w. Und wenn ich einmal von Lichtstrahlen als farbigen oder gefärbten Strahlen spreche, so ist dies nicht wissenschaftlich oder im strengsten Sinne zu verstehen, sondern als gewöhnlicher, volksthümlicher Ausdruck, entsprechend der Vorstellung, die sich das gemeine Volk beim Anblick dieser Versuche bilden würde. Denn streng genommen sind die Strahlen nicht gefärbt; in ihnen liegt nichts, als eine gewisse Kraft und Fähigkeit, die Empfindung dieser oder jener Farbe zu erregen. Denn ebenso wie der Schall einer Glocke oder Saite oder eines anderen tönenden Körpers nichts Anderes ist, als eine zitternde Bewegung des Körpers und die sich von ihm ausbreitende Bewegung in der Luft und das Gefühl dieser Bewegung in unserem Empfindungsorgane in Form eines Schalles, so sind die Farben an den Objecten nichts Anderes, als die Fähigkeit, diese oder jene Strahlenart reichlicher zu reflectiren, als die anderen, und in den Strahlen nichts Anderes als ihre Fähigkeit, diese Bewegung bis in unser Empfindungsorgan zu verbreiten, und im letzteren die Empfindung dieser Bewegungen in Gestalt von Farben.

Prop. III. Aufgabe 1.

Die den verschiedenen Farben entsprechende Brechbarkeit der einzelnen Arten des homogenen Lichts zu bestimmen.

Zur Lösung dieser Aufgabe machte ich folgenden Versuch. 7. Versuch. Als ich die geradlinigen Seiten AF und GM (Fig. 33) des durch das Prisma entworfenen Farbenspectrums genau begrenzt hatte, wie im 5. Versuche des ersten Theils beschrieben ist, fanden sich darin alle homogenen Farben in der nämlichen Reihenfolge und gegenseitigen Lage, wie in dem Prop. IV desselben Theils beschriebenen Spectrum des einfachen Lichts. Denn die Kreise, aus denen das Spectrum PT des zusammengesetzten Lichts besteht, und welche sich

in der Mitte des Bildes kreuzen und mit einander mischen,
thun dies nicht in ihren äusseren Theilen, da, wo sie die geraden Seiten AF und GM berühren. Daher ist an diesen
geraden Seiten, wenn sie scharf begrenzt sind, keine neue
Farbe durch Brechung entstanden. Ich beobachtete auch,
dass, wenn irgendwo zwischen den äussersten Kreisen TMF
und PGA eine gerade Linie, wie $\gamma\delta$, senkrecht zu den geraden Seiten das Spectrum durchsetzte, dass dann auf ihr von
einem Ende bis zum anderen ein und dieselbe Farbe erschien
und auch der nämliche Grad der Farbe. Ich zeichnete deshalb auf ein Papier den Umfang des Spectrums, $FAPGMT$,
und hielt, indem ich den 3. Versuch des ersten Theils an-
stellte, das Papier so, dass das Spectrum auf diese gezeichnete
Figur fiel und sie genau deckte, während ein Assistent, dessen
Augen für Unterscheidung von Farben schärfer waren, als
die meinigen, mittelst der rechtwinkelig durch das Spectrum
gezogenen Linien $\alpha\beta$, $\gamma\delta$, $\varepsilon\zeta$, ... die Grenzen der Farben

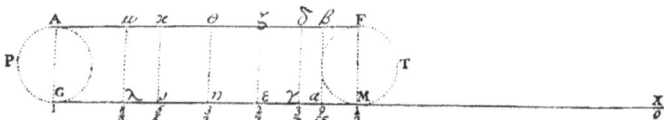

Fig. 33.

angab, also $M\alpha\beta F$ für Roth, $\alpha\gamma\delta\beta$ für Orange, $\gamma\varepsilon\zeta\delta$ für
Gelb, $\varepsilon\eta\vartheta\zeta$ für Grün, $\eta\iota\varkappa\vartheta$ für Blau, $\iota\lambda\mu\varkappa$ für Indigo,
$\lambda GA\mu$ für Violett. Nach mehrfachen Wiederholungen dieses
Verfahrens sowohl auf demselben Papiere, als auf verschiedenen anderen, fand ich, dass die Beobachtungen gut mit einander
übereinstimmten und dass die geraden Seiten MG und FA
durch die genannten Querlinien in der Weise getheilt waren,
wie die Saite eines musikalischen Instruments. Verlängert
man nämlich GM bis X so, dass $MX = GM$ wird, und
bedenkt man, dass GX, λX, ιX, ηX, εX, γX, αX,
MX sich zu einander verhalten, wie die Zahlen $1 : \frac{8}{9} : \frac{5}{6} : \frac{3}{4} :$
$\frac{2}{3} : \frac{3}{5} : \frac{9}{16} : \frac{1}{2}$, und dass sie somit die Saitenlängen des Grundtons, der Secunde, kleinen Terz, Quart, Quinte, grossen Sexte,
Septime und Octave des Grundtons darstellen [15]), so werden die
Intervalle $M\alpha$, $\alpha\gamma$, $\gamma\varepsilon$, $\varepsilon\eta$, $\eta\iota$, $\iota\lambda$ und λG die Räume sein,
welche die verschiedenen Farben einnehmen.

Nun können diese Intervalle oder Zwischenräume zwischen
den Brechungsdifferenzen der bis zu jenen Farbengrenzen,

d. h. bis zu den Punkten M, α, γ, ε, η, ι, λ, G gehenden Strahlen ohne merklichen Fehler als proportional den Brechungssinus dieser Strahlen, die einen gemeinsamen Sinus des Einfalls haben, angenommen werden; und da sich durch ein früher beschriebenes Verfahren ergab, dass der gemeinsame Sinus des Einfalls sich zu den Brechungssinus der am stärksten und der am schwächsten gebrochenen Strahlen wie 55 zu 77 und 78 verhielt, so theile man die Differenz zwischen den beiden Brechungssinus 77 und 78 nach dem Verhältniss der Intervalle auf der Linie GM, und man wird erhalten 77, $77\frac{1}{8}$, $77\frac{1}{5}$, $77\frac{1}{3}$, $77\frac{1}{2}$, $77\frac{2}{3}$, $77\frac{7}{9}$, 78 als Sinus der Brechung jener Strahlen aus Glas in Luft, während ihr gemeinsamer Einfallssinus 50 ist. So war also das Verhältniss der Sinus des Einfalls aller Roth erregenden Strahlen aus Glas in Luft zu den Sinus ihrer Brechungen nicht grösser als $50:77$ und nicht kleiner als $50:77\frac{1}{8}$, und diese beiden gingen durch alle zwischenliegenden Verhältnisse in einander über. Ebenso standen die Einfallssinus der Grün erregenden Strahlen zu den Sinus ihrer Brechungen in allen Verhältnissen von $50:77\frac{1}{3}$ bis zu $50:77\frac{1}{2}$. Durch die nämlichen, oben erwähnten Grenzen waren die Brechungen der übrigen Farbenstrahlen bestimmt; die Sinus der Roth erregenden Strahlen erstreckten sich von 77 bis $77\frac{1}{8}$, die der Orange erregenden von $77\frac{1}{8}$ bis $77\frac{1}{5}$, die der Gelb erregenden von $77\frac{1}{5}$ bis $77\frac{1}{3}$, der Grün erregenden von $77\frac{1}{3}$ bis $77\frac{1}{2}$, der Blau erregenden von $77\frac{1}{2}$ bis $77\frac{2}{3}$, der Indigo erregenden von $77\frac{2}{3}$ bis $77\frac{7}{9}$ und die der Violett erregenden Strahlen von $77\frac{7}{9}$ bis 78.

Dies sind die Gesetze der Brechungen aus Glas in Luft; mittelst des 3. Axioms im ersten Theile dieses Buchs lassen sich aus ihnen leicht die Brechungsgesetze für den Uebergang aus Luft in Glas herleiten.

8. Versuch. Wenn Licht aus Luft durch mehrere an einander stossende Media ging, wie z. B. durch Wasser und Glas und dann wieder in die Luft, mochten die brechenden Flächen parallel oder geneigt zu einander sein, so fand ich, dass das Licht, so oft es auch durch entgegengesetzte Brechungen wieder in die frühere Richtung gebracht wurde und mithin in der zur Einfallsrichtung parallelen Richtung austrat, schliesslich immer weiss blieb. Wenn aber die austretenden Strahlen gegen die eintretenden geneigt sind, so wird das Weiss des austretenden Lichts beim Weitergehen nach dem Austritte nach und nach an den Rändern gefärbt

werden. Dies prüfte ich durch einen Versuch, indem ich Licht
durch ein Glasprisma brechen liess, welches ich in ein prismatisches Gefäss voll Wasser stellte. Alsdann zeigen die
Farben eine Divergenz und eine Trennung der heterogenen
Strahlen von einander zufolge ihrer ungleichen Brechungen,
wie im Folgenden noch deutlicher erhellen wird. Umgekehrt
zeigt das bleibende Weiss, dass bei gleichem Einfall der
Strahlen keine solche Trennung der austretenden Strahlen
stattfindet und folglich keine Ungleichheit ihrer gesammten
Brechungen vorlag. Hieraus glaube ich folgende zwei Lehrsätze herleiten zu dürfen.

I. Die Ueberschüsse der Sinus der Brechung verschiedener
Strahlenarten über ihren gemeinschaftlichen Sinus des Einfalls
stehen, wenn die Brechungen aus verschiedenen dichteren
Medien unmittelbar in ein und dasselbe dünnere Medium, etwa
Luft, erfolgen, zu einander in einem gegebenen Verhältnisse.

II. Das Verhältniss des Einfallssinus zum Brechungssinus
einer und derselben Strahlenart aus einem Medium in ein
anderes ist zusammengesetzt aus dem Verhältniss des Einfallssinus zum Brechungssinus aus dem ersten Medium in ein
drittes und dem Verhältniss des Einfallssinus zum Brechungssinus aus diesem dritten in das zweite Medium.

Mittelst des ersten dieser Lehrsätze sind die Brechungen
der Strahlen jeder Art beim Uebergang aus irgend einem
Medium in Luft bekannt, sobald man sie für irgend eine Art
kennt. Wenn z. B. die Brechungen der Strahlen jeder Art
aus Regenwasser in Luft gesucht sind, so ziehe man den gemeinsamen Sinus des Einfalls aus Glas in Luft von den Sinus
der Brechung ab und erhält die Ueberschüsse 27, $27\frac{1}{8}$, $27\frac{1}{4}$,
$27\frac{1}{3}$, $27\frac{1}{2}$, $27\frac{2}{3}$, $27\frac{7}{9}$, 28. Angenommen nun, der Sinus des
Einfalls der am wenigsten brechbaren Strahlen verhalte sich zu
ihrem Brechungssinus aus Regenwasser in Luft, wie 3 : 4, so
setzt man an: die Differenz 1 dieser Sinus verhält sich zum
Einfallssinus 3, wie der kleinste der oben genannten Ueberschüsse, 27, zu einer vierten Zahl 81; also wird 81 der gemeinschaftliche Sinus des Einfalls aus Regenwasser in Luft
sein; addirt man dazu die oben genannten Ueberschüsse, so
erhält man als die gesuchten Sinus der Brechung 108, $108\frac{1}{8}$,
$108\frac{1}{4}$, $108\frac{1}{3}$, $108\frac{1}{2}$, $108\frac{2}{3}$, $108\frac{7}{9}$, 109.

Mit Hilfe des zweiten Lehrsatzes ergiebt sich die Brechung
aus einem Mittel in ein anderes, sobald man die Brechungen
aus jedem derselben nach einem dritten Mittel kennt. Wenn

z. B. der Sinus des Einfalls irgend eines aus Glas in Luft
gehenden Strahls sich zu seinem Brechungssinus wie 20 : 31
verhält, und der Einfallssinus desselben Strahls beim Uebergange aus Luft in Wasser zu seinem Brechungssinus im Verhältniss 4 : 3 steht, so wird der Einfallssinus dieses Strahls
für Glas in Wasser sich zum Brechungssinus wie 20 : 31 und
4 : 3 vereint verhalten, d. h. wie das Product von 20 und 4
zum Producte von 31 mit 3, also wie 80 : 93.

Durch Einführung dieser Lehrsätze in die Optik bietet
sich genug Stoff, diese Wissenschaft in ausgedehntem Maasse
nach neuer Methode zu bearbeiten, nicht nur, um zu lehren,
was sich auf Vervollkommnung des Sehens bezieht, sondern
auch, um mathematisch alle Farbenerscheinungen zu bestimmen,
die durch Brechungen hervorgerufen werden können. Dazu
ist nichts weiter nöthig, als die Trennungen der heterogenen
Strahlen ausfindig zu machen, sowie ihre verschiedenen Ver-
mischungen und die Verhältnisse bei jeder Mischung. Durch
eben solche Schlussweisen fand ich fast alle in diesem Werke
beschriebenen Erscheinungen, neben einigen anderen, für
diesen Gegenstand weniger wichtigen; und nach den Erfolgen,
die ich bei den Versuchen erzielte, darf ich versprechen, dass
Demjenigen, der richtig rechnet und dann Alles mit guten
Gläsern und der gehörigen Umsicht prüft, der erwartete Erfolg nicht ausbleiben wird. Aber vor Allem muss er wissen,
was für Farben aus irgend einer Mischung anderer nach gegebenem Verhältnisse entstehen werden.

Prop. IV. Lehrsatz 3.

Durch Zusammensetzung können Farben entstehen,
die zwar dem Augenscheine nach den Farben von
homogenem Lichte gleichen, aber nicht hinsichtlich
der Unveränderlichkeit der Farbe und der Constitution und Natur des Lichts. Je zusammengesetzter
diese Farben sind, um so weniger sind sie rein und
intensiv, und bei zu viel Zusammensetzung können
sie bis zum Verschwinden verwaschen und geschwächt
werden, und die Mischung erscheint dann weiss oder
grau. Durch Zusammensetzung können auch Farben
entstehen, welche keiner homogenen Farbe ganz
gleichen.

Denn eine Mischung von homogenem Roth und Gelb
liefert ein Orange, welches dem Augenscheine nach derjenigen

Orangefarbe gleicht, die in der Reihe der unvermischten prismatischen Farben zwischen jenen beiden liegt; was aber die
Brechbarkeit anlangt, so ist das Licht des einen Orange
homogen, das des anderen heterogen, indem die Farbe des
einen bei Betrachtung durch ein Prisma unveränderlich bleibt,
die des anderen sich verändert und in die componirenden
Farben Roth und Gelb auflöst. Nach derselben Methode kann
man aus anderen benachbarten homogenen Farben neue Farben
zusammensetzen, die den zwischenliegenden homogenen Farben
ähnlich sind, z. B. aus Gelb und Grün die zwischen beiden
gelegene Farbe; und dann wird, wenn man noch Blau hinzu-
fügt, ein Grün entstehen, welches die Mittelfarbe zwischen
allen drei Componenten darstellt. Denn wenn Gelb und Blau
beiderseits in gleicher Menge gemischt sind, so ziehen sie das
zwischenliegende Grün zu sich in die Zusammensetzung hinein
und halten es, so zu sagen, dergestalt im Gleichgewicht, dass
es nicht mehr einerseits nach dem Gelb, andererseits nach
dem Blau neigt, sondern durch ihre vereinigten Wirkungen
eine Mittelfarbe bleibt. Zu diesem gemischten Grün möge
nun weiter noch etwas Roth und Violett hinzugesetzt werden,
so wird dennoch das Grün nicht sofort verschwinden, sondern
nur weniger voll und lebhaft und bei Zunahme des Roth und
Violett immer mehr abgeschwächt erscheinen, bis es beim Ueberwiegen der hinzugethanen Farben erlischt und in Weiss oder
eine andere Farbe übergeht. Ebenso, wenn weisses Sonnenlicht
mit allen seinen Strahlenarten zu irgend einer homogenen
Farbe hinzutritt, verschwindet diese nicht oder ändert ihre
Art, sondern wird matter und dürch Zusatz von immer mehr
Weiss immer schwächer. Endlich entstehen, wenn Roth und
Violett gemischt werden, je nach dem verschiedenen Mischungs-
verhältniss verschiedene Purpurfarben, die dem Augenscheine
nach keiner homogenen Farbe gleichen, und aus diesem Purpur können durch Beimischung von Gelb und Blau wieder
neue Farben hergestellt werden.

Prop. V. Lehrsatz 4.

Weiss und alle grauen Farben zwischen Weiss und
Schwarz können aus Farben zusammengesetzt werden;
das Weiss des Sonnenlichts besteht aus primären
Farben, die in passendem Verhältniss gemischt sind.

Beweis durch Versuche.

9. Versuch. Während die Sonne durch eine kleine

runde Oeffnung im Fensterladen in ein dunkles Zimmer schien und ihr Licht, durch ein Prisma gebrochen, das farbige Bild *PT* (Fig. 34) auf die gegenüberliegende Wand warf, hielt ich ein weisses Papier *V* gegen das Bild so, dass es durch das von dort reflec-tirte farbige Licht beleuchtet wurde, je-doch kein vom Prisma zum Spectrum gehen-des Licht auffing. Alsdann fand ich, dass das Papier, wenn ich es näher an eine

Fig. 34.

Farbe hielt, als an die anderen, in der Farbe erschien, der es am nächsten war; wenn es aber von allen Farben gleich weit oder fast gleich weit entfernt war, so dass es von allen in gleicher Weise beleuchtet wurde, erschien es weiss. Wenn in dieser letzteren Stellung des Papiers einige Farben aufge-fangen wurden, verlor das Papier seine weisse Farbe und er-schien in der Farbe des nicht weggenommenen übrigen Lichts. So wurde also das Papier mit Licht verschiedener Farben beleuchtet, nämlich mit Roth, Gelb, Grün, Blau und Violett, und jeder Theil des Lichts behielt seine eigene Farbe bei, während er auf das Papier fiel und von da in das Auge re-flectirt wurde, und würde das Papier mit seiner Farbe gefärbt haben, wenn er allein gewesen und das übrige Licht beseitigt, oder wenn er in dem vom Papiere reflectirten Lichte im Ueber-schuss vorhanden gewesen wäre; da er aber mit den übrigen Farbstrahlen in passendem Verhältnisse gemischt war, liess er das Papier weiss erscheinen und brachte durch Zusammen-setzung mit den anderen diese Farbe zu Stande. Die ver-schiedenen Theile des vom Spectrum reflectirten farbigen Lichts behalten beim weiteren Fortgange durch die Luft beständig ihre eigene Farbe bei; denn wo sie auch in das Auge des Beobachters fallen mögen, immer lassen sie ihm die verschiedenen Theile des Spectrums in ihren eigenen Far-ben erscheinen. Sie behalten also ihre eigene Farbe, wenn sie auf das Papier *V* fallen, und setzen folglich durch das Ineinanderfliessen und die vollkommene Vermischung aller Far-ben das Weiss des von dort reflectirten Lichts zusammen.

10. Versuch. Das Spectrum des Sonnenbildes *PT* (Fig. 35, S. 88) falle jetzt auf die mehr als 4 Zoll grosse und

gegen 6 Fuss vom Prisma ABC entfernte Linse MN, welche das
farbige, vom Prisma her divergirende Licht convergent macht
und in ihrem Brennpunkte G, etwa 6 bis 8 Fuss von der
Linse entfernt, vereinigt, wo es senkrecht auf ein weisses
Papier DE fällt. Bewegt man nun dieses Papier vor- und
rückwärts, so wird man bemerken, dass näher an der Linse,
etwa bei de, das ganze Sonnenbild pt in der oben beschriebenen Weise intensiv gefärbt auf dem Papiere erscheint, dass
aber bei grösserer Entfernung von der Linse die Farben einander immer näher kommen und durch Vermischung continuirlich undeutlicher werden, bis zuletzt das Papier in den
Brennpunkt G kommt, wo sie durch vollendete Mischung gänzlich verschwinden und in Weiss verwandelt werden, indem
das gesammte Licht als kleiner, weisser Kreis auf dem Papiere

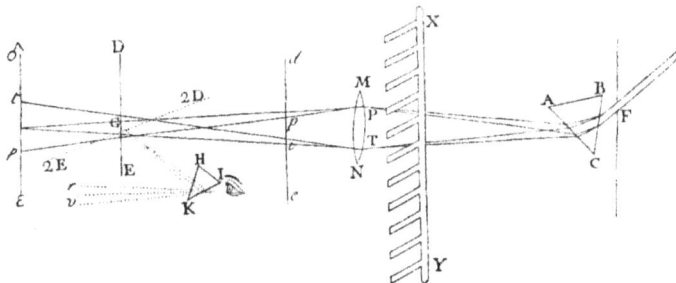

Fig. 35.

erscheint. Nachher, wenn das Papier noch weiter von der
Linse entfernt wird, werden die vorher convergenten Strahlen
sich im Brennpunkte G kreuzen und von da aus divergiren
und die Farben wieder erscheinen lassen, aber in umgekehrter
Folge, z. B. bei $\delta\varepsilon$, wo das Roth t jetzt oben ist, welches
vorher unten war, und das Violett p unten, was vorher
oben war.

Jetzt stelle man das Papier im Brennpunkte G, wo das
Licht vollkommen weiss und kreisförmig erscheint, fest und
betrachte dieses Weiss, so behaupte ich, dass dieses Weiss
aus den convergirenden Farben zusammengesetzt ist. Denn
wenn irgend eine oder mehrere von diesen Farben bei der
Linse aufgefangen werden, so hört das Weiss auf und geht
in die Farben über, welche aus der Zusammensetzung der

anderen, nicht aufgefangenen Strahlen entspringt. Lässt man alsdann die aufgefangenen Farben hindurch und auf diese zusammengesetzte Farbe fallen, so mischen sie sich mit ihr und stellen dadurch das Weiss wieder her. Wenn z. B. Violett, Blau und Grün aufgehalten werden, so geben die übrig gebliebenen Gelb, Orange und Roth zusammen auf dem Papiere eine Art Orange, und lässt man alsdann die aufgefangenen Farben weiter gehen, so fallen sie auf dieses zusammengesetzte Orange und geben mit ihm durch doppelte Zusammensetzung Weiss. Oder wenn Roth und Violett aufgefangen werden, liefern die verbleibenden gelben, grünen und blauen Strahlen auf dem Papier ein gewisses Grün; lässt man nachher das Roth und Violett auf dieses Grün fallen, so entsteht durch doppelte Zusammensetzung Weiss. Dass bei dieser Zusammensetzung des Weiss die verschiedenen Strahlen durch gegenseitige Einwirkung auf einander keine Veränderung in ihrer Eigenschaft als Farben erleiden, sondern nur gemischt sind und durch ihre Mischung das Weiss erzeugen, wird noch durch folgende Beweismittel weiter erhellen.

Steht das Papier jenseits des Brennpunktes G, z. B. bei $\delta\varepsilon$, und wird nun die rothe Farbe bei der Linse abwechselnd aufgefangen und durchgelassen, so tritt im Violett auf dem Papiere keinerlei Veränderung ein, wie es doch der Fall sein müsste, wenn die verschiedenen Strahlenarten im Brennpunkte G, wo sie sich kreuzen, gegenseitig auf einander einwirkten. Ebenso wird das Roth auf dem Papier durch abwechselndes Auffangen und Vorbeilassen des Violett nicht verändert.

Wenn das Papier im Brennpunkte G steht und man das weisse, runde Bild durch ein Prisma HIK betrachtet, durch dessen Brechung es von G nach rv versetzt wird und dort farbig erscheint, violett bei v und roth bei r, und wenn man nun die rothe Farbe bei der Linse zu wiederholten Malen auffängt und wieder vorbeilässt, so wird auch das Roth bei r ebenso und übereinstimmend verschwinden und wiederkehren, während das Violett bei v keine Veränderung erfährt. Ebenso, wenn das Blau bei der Linse abwechselnd aufgefangen und durchgelassen wird, verschwindet und erscheint wieder übereinstimmend damit das Blau bei v. ohne dass das Roth bei r eine Aenderung erfährt. Das Roth hängt also von der einen, das Blau von einer anderen Strahlenart ab, die im Brennpunkte G bei ihrer Mischung nicht auf einander einwirken. Dasselbe gilt von den anderen Farben.

Weiter bedachte ich Folgendes: Wenn die brechbarsten
Strahlen Pp und die am wenigsten gebrochenen Tt gegen
einander convergirten, und das Papier sehr geneigt zu ihnen
in den Brennpunkt G gehalten würde, so könnte es die eine
Art derselben viel reichlicher reflectiren, als die andere, und
das Licht in diesem Brennpunkte würde in der Farbe der
überwiegenden Strahlen erscheinen, wofern nur die einzelnen
Strahlen ihre Farbe oder Farbenqualität in dem von ihnen im
Brennpunkte zusammengesetzten Weiss beibehielten. Wäre
dies aber nicht der Fall, sondern würde jede Strahlenart für
sich mit der Fähigkeit begabt, in uns die Empfindung des
Weiss zu erregen, so könnten sie nimmermehr durch diese
Reflexionen ihr Weiss verlieren. Ich hielt also, wie im 2. Versuche dieses Buchs, das Papier sehr stark geneigt gegen die
Strahlen, damit die brechbarsten Strahlen viel reichlicher reflectirt würden, als die anderen, und alsbald verwandelte sich
das Weiss der Reihe nach in Blau, Indigo und Violett. Dann
neigte ich es nach der entgegengesetzten Seite, so dass die
am wenigsten brechbaren Strahlen im reflectirten Lichte reichlicher vertreten waren, als die anderen, und das Weiss ging
der Reihe nach in Gelb, Orange und Roth über.

Endlich verfertigte ich mir einen Apparat XY in Ge-
stalt eines Kammes, dessen Zähne, 16 an der Zahl, ungefähr
1½ Zoll breit waren, mit etwa 2 Zoll weiten Lücken dazwischen.
Wenn ich die Zähne dieses Kammes nahe bei der Linse der
Reihe nach in den Gang der Strahlen einschob, fing ich einen
Theil der Farben damit auf, während die übrigen durch die
Lücken nach dem Papier DE gelangten und dort ein rundes
Sonnenbild entwarfen. Das Papier hatte ich zuerst so gestellt,
dass das Bild weiss erschien, sobald der Kamm weggenommen
war; wenn er nachher in der beschriebenen Weise dazwischen
gebracht wurde, so ging allemal das Weiss in Folge des bei
der Linse aufgefangenen Farbenantheils in eine Farbe über,
die sich aus den nicht aufgehaltenen Farben zusammensetzte,
und diese Farbe änderte sich bei Bewegung des Kammes beständig, und zwar so, dass bei jedem Vorübergange eines
Zahns vor der Linse alle Farben, Roth, Gelb, Grün, Blau,
Purpur, eine auf die andere folgten. Ich liess also sämmtliche
Zähne der Reihe nach an der Linse vorübergehen; erfolgte
die Bewegung langsam, so erblickte man die Aufeinanderfolge
der Farben auf dem Papier, beschleunigte ich aber die Bewegung so, dass die Farben wegen ihrer raschen Aufeinander-

folge nicht von einander unterschieden werden konnten, so verschwanden die einzelnen Farben, man sah kein Roth, kein Gelb, kein Grün, kein Blau, noch Purpur mehr, sondern es entstand durch Mischung aller eine einförmige weisse Farbe. Und doch war von diesem durch Mischung aller Farben weiss erscheinenden Lichte kein Theil eigentliches Weiss: ein Theil war roth, ein anderer gelb, ein dritter grün, ein vierter blau, ein fünfter purpur, und jeder Theil behielt die ihm eigenthümliche Farbe bei, bis er die Nerven erregte. Wenn die Eindrücke so langsam auf einander folgen, dass sie einzeln wahrgenommen werden können, so entsteht eine deutliche Empfindung aller einzelnen Farben in continuirlicher Aufeinanderfolge, folgen sie aber so schnell auf einander, dass sie nicht einzeln zur Wahrnehmung gelangen, so entsteht aus ihrer Gesammtheit eine gemeinsame Empfindung nicht dieser oder jener Farbe, sondern von allen ohne Unterschied, und dies ist die Empfindung von Weiss. Durch die Geschwindigkeit der Aufeinanderfolge vermischen sich die Eindrücke der verschiedenen Farben in unserem Empfindungsorgane und erregen eine gemischte Empfindung. Wird eine glühende Kohle in beständig wiederholter Bewegung hurtig im Kreise herumgeführt, so erscheint der ganze Kreis feurig; der Grund davon ist, dass der Lichteindruck der Kohle an den verschiedenen Punkten des Kreises im Auge beharrt, bis die Kohle wieder an denselben Platz zurückkehrt. Ebenso bleibt bei einer raschen Aufeinanderfolge von Farben der Eindruck jeder Farbe in der Empfindung zurück, bis alle Farben der Reihe nach vorübergegangen sind und die erste wiederkehrt. Daher sind die Eindrücke aller Farben nach einander in unserer Empfindung gleichzeitige und erregen gemeinschaftlich die Empfindung aller. Es ist also aus diesem Versuche klar, dass die gemischten Eindrücke von allen Farben die Empfindung von Weiss erzeugen, d. h. dass Weiss aus allen Farben zusammengesetzt ist.

Wenn nun der Kamm weggenommen wurde, so dass alle Farben zugleich von der Linse nach dem Papier gelangten, dort gemischt und von da nach dem Auge des Beobachters reflectirt wurden, so musste ihr Eindruck auf das Empfindungsorgan durch feinere und vollkommenere Mischung noch viel lebhafter die Empfindung von Weiss erregen.

An Stelle der Linse kann man sich auch zweier Prismen HIK und LMN (Fig. 36, S. 92) bedienen, die das Licht nach der

entgegengesetzten Seite im Vergleich zum ersten Prisma brechen
und die divergirenden Strahlen durch Convergenz im Punkte

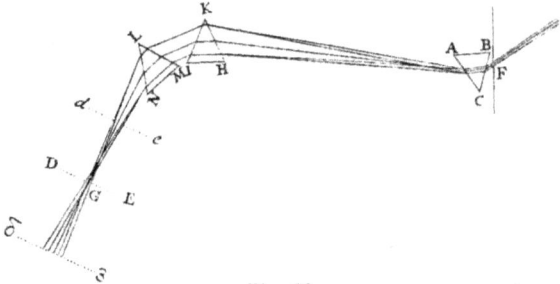

Fig. 36.

G vereinigen, wie die Figur darstellt; denn wo sie zusammentreffen und sich mischen, bilden sie ebenso Weiss, als wenn
man sich einer Linse bediente.

    11. Versuch. Das farbige Sonnenbild *PT* (Fig. 37) falle
auf die Wand eines verdunkelten Zimmers, wie im 3. Versuche des ersten Theils, und werde durch ein Prisma *abc*

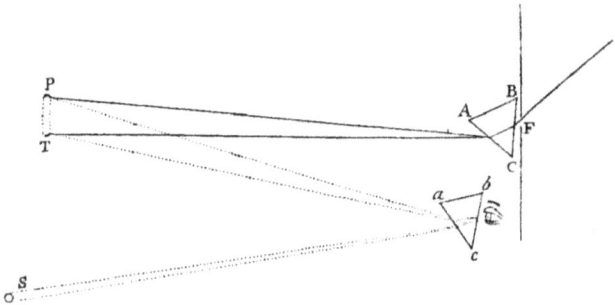

Fig. 37.

beobachtet, welches man dem ersten, das farbige Bild erzeugenden Prisma parallel hält und so, dass das Bild tiefer als zuvor
erscheint, z. B. bei *s*, gegenüber dem Roth bei *T*. Geht man
nun näher an das Bild *PT* heran, so wird das Spectrum *s*
länglich und in denselben Farben, wie das Bild *PT*, erscheinen, geht man aber weiter zurück, so werden die Farben des

Spectrums *s* sich mehr und mehr zusammenziehen und schliesslich ganz verschwinden, also das Bild *s* vollkommen rund und
weiss werden; geht man noch weiter zurück, so tauchen die
Farben wieder auf, aber in umgekehrter Reihenfolge. Es erscheint also das Spectrum *s* in dem Falle weiss, wo die ver-
schiedenartigen Strahlen, die von verschiedenen Theilen des
Bildes *PT* her nach dem Prisma *abc* convergiren, durch
letzteres so ungleich gebrochen werden, dass sie nach ihrem
Durchgange durch dasselbe in das Auge von einem und demselben Punkte des Spectrums *s* her divergiren und auf einen
und denselben Punkt der Netzhaut des Auges fallen und sich
dort mischen.

Wenn man hierbei von dem Kamme Gebrauch macht und
durch die Zähne desselben die Farben des Bildes *PT* der
Reihe nach auffängt, so wird das Spectrum *s* bei langsamer
Bewegung des Kammes immer mit den auf einander folgenden
Farben gefärbt; bei beschleunigter Bewegung des Kammes ist
aber die Farbenfolge eine so rasche, dass sie nicht mehr einzeln erblickt werden können, und dass durch die gemischte
und verworrene Empfindung von allen Farben zugleich das
Spectrum *s* weiss erscheint.

12. Versuch. Die Sonne scheine durch ein grosses
Prisma *ABC* (Fig. 38) auf einen Kamm *XY*, der unmittelbar

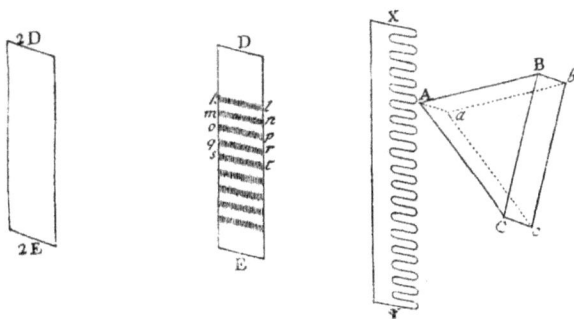

Fig. 38.

dahinter steht, und das durch die Lücken der Zähne gelangende Licht falle auf ein weisses Papier *DE*. Die Zähne
seien ebenso breit, wie die Lücken dazwischen, und 7 Zähne
sammt ihren Lücken nehmen 1 Zoll Breite ein. Dann erzeugte,

wenn das Papier ungefähr 2—3 Zoll von dem Kamme entfernt war, das durch die einzelnen Lücken gegangene Licht
ebenso viele farbige Streifen kl, mn, op, qr u. s. w., die
einander parallel waren und ohne Mischung von Weiss an
einander grenzten. Diese Farbenstreifen stiegen auf dem Papier auf- und abwärts, wenn der Kamm ohne Unterbrechung
abwechselnd auf- und abwärts bewegt wurde; wenn aber diese
Bewegung so rasch erfolgte, dass man die Farben nicht mehr
von einander unterscheiden konnte, so erschien das ganze Papier durch ihre Vermischung im Empfindungsorgane weiss.

Stehe jetzt der Kamm ruhig, und werde das Papier weiter
vom Kamme entfernt, so breiten sich die einzelnen Farb-
streifen immer mehr und mehr aus und gehen in einander
über, vermischen ihre Farben und schwächen einander; und
wenn schliesslich der Abstand des Papiers vom Kamme ungefähr 1 Fuss oder etwas mehr beträgt, wie z. B. bei $2\,D\,2\,E$,
so schwächen sie einander so sehr ab, dass Weiss erscheint.

Jetzt werde durch ein Hinderniss alles Licht, welches
durch irgend eine der Lücken zwischen den Zähnen geht,
aufgehalten, so dass der von dort kommende Farbenstreifen
wegfällt; alsdann sieht man das Licht der anderen Streifen
sich über den Raum des weggenommenen ausbreiten und dort
gefärbt werden. Lässt man aber den aufgefangenen Farbenstreifen wieder durch, wie vorher, so fallen seine Farben auf
die der anderen Streifen, mischen sich mit ihnen und stellen
dadurch das Weiss wieder her.

Wenn jetzt das Papier $2\,D\,2\,E$ gegen die Strahlen stark
geneigt wird, so dass die brechbarsten Strahlen reichlicher reflectirt werden, als die anderen, so verwandelt sich die weisse
Farbe des Papiers in Folge des Ueberschusses dieser Strahlen
in Blau und Violett. Neigt man das Papier ebenso viel nach
der entgegengesetzten Seite, so dass jetzt die am wenigsten
brechbaren Strahlen reichlicher als die übrigen reflectirt werden, so geht durch ihr Ueberwiegen das Weiss in Gelb und
Roth über. Mithin behaupten die verschiedenen Strahlen in
diesem weissen Lichte ihre Farbenqualitäten, durch welche
die Strahlen jeder Art, sobald sie reichlicher auftreten, als die
anderen, in Folge dieser Ueberlegenheit ihre eigene Farbe zur
Erscheinung bringen.

Mittelst der nämlichen, auf den 3. Versuch dieses Buchs
angewandten Schlussfolgerung kann geschlossen werden, dass
das Weiss jedes gebrochenen Lichts schon eben bei seinem

ersten Austritte, wo es ebenso weiss erscheint, wie vor dem
Eintritt, aus verschiedenen Farben zusammengesetzt ist.

13. Versuch. Im vorhergehenden Versuche leisten die
einzelnen Zwischenräume zwischen den Zähnen des Kammes
den Dienst von ebenso vielen Prismen, indem jeder die nämlichen Erscheinungen hervorruft, wie ein Prisma. Daher versuchte ich an Stelle dieser Zwischenräume mehrere Prismen
zu benutzen, um weisses Licht durch Mischung seiner Farben
zusammenzusetzen, und zwar nahm ich nur 3 Prismen, auch
sogar nur zwei, wie im folgenden Versuche. Stellt man nämlich zwei Prismen *A B C* und *a b c* (Fig. 39) mit gleichen
brechenden Winkeln *B* und *b* so einander parallel, dass der
brechende Winkel *B* des einen den Winkel *c* an der Basis

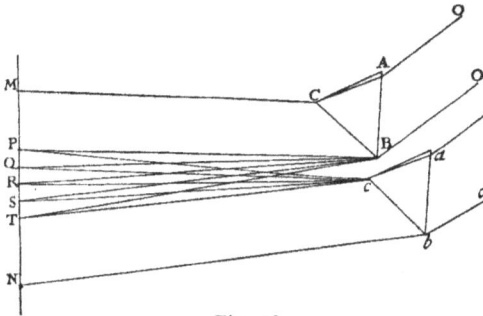

Fig. 39.

des anderen berührt, und ihre Ebenen *C B* und *c b*, an denen
die Strahlen austreten, direct an einander liegen, und lässt
man das durch diese Prismen gehende Licht auf das Papier
MN fallen, welches in etwa 8 oder 12 Zoll Entfernung von
diesen Prismen steht, so werden die durch die inneren Grenz-
flächen *B* und *c* der beiden Prismen erzeugten Farben sich
in *PT* mischen und hier Weiss geben. Denn wenn eines der
beiden Prismen weggenommen wird, so treten die vom anderen herrührenden Farben an der nämlichen Stelle *PT* auf,
wird aber das Prisma wieder an seinen Ort gebracht, so dass
seine Farben auf die des anderen fallen, so stellt ihre Mischung das Weiss wieder her.

Der Versuch gelingt auch, wie ich geprüft habe, wenn
der Winkel *b* des unteren Prismas ein wenig grösser ist, als

der des oberen B, und wenn zwischen den inneren Winkeln B und c etwas Zwischenraum Bc ist, wie die Figur darstellt, und wenn die brechenden Ebenen BC und bc weder parallel sind, noch direct an einander liegen; denn zum Gelingen des Versuchs ist nichts weiter nöthig, als dass alle Strahlenarten auf dem Papiere bei PT gleichmässig gemischt werden. Wenn die vom oberen Prisma kommenden brechbarsten Strahlen den ganzen Raum von M bis P einnehmen, so müssen die Strahlen derselben Art, die vom unteren Prisma kommen, bei P beginnen und den ganzen übrigen Raum von da bis N einnehmen. Wenn die vom oberen Prisma kommenden, am wenigsten brechbaren Strahlen den Raum MT einnehmen, so müssen die gleichartigen Strahlen vom andern Prisma bei T beginnen und den übrigen Raum TN einnehmen. Wenn von den Strahlen mittlerer Brechbarkeit, die vom oberen Prisma herrühren, eine Art über den Raum MQ ausgebreitet ist, eine andere Strahlenart über den Raum MR, eine dritte über MS, so müssen dieselben, vom unteren Prisma kommenden Strahlenarten die übrigen Räume, also beziehentlich QN, RN, SN erleuchten. Dasselbe gilt von allen übrigen Strahlenarten. Denn so werden die Strahlen jeder Art, in gleicher Weise über den ganzen Raum MN verstreut, überall in demselben Verhältnisse gemischt und bringen deshalb überall dieselbe Farbe hervor. Da sie nun durch diese Vermischung in den äusseren Räumen MP und TN Weiss erzeugen, müssen sie auch in dem inneren Raume PT Weiss geben. Dies ist der Grund der Zusammensetzung, durch die in diesem Versuche das Weiss entstand; und auf welche Weise ich auch sonst eine ähnliche Zusammensetzung vornahm, das Ergebniss war immer Weiss.

Wenn endlich mittelst der Zähne eines Kammes von passender Grösse das farbige Licht der beiden Prismen, welches auf den Raum PT fällt, abwechselnd aufgefangen wird, so erscheint bei langsamer Bewegung des Kammes der Raum PT gefärbt; bei so schneller Bewegung aber, dass man die Farben nicht mehr einzeln unterscheiden kann, erscheint er weiss.

14. Versuch. Bisher habe ich das Weiss immer durch Mischung der prismatischen Farben hervorgerufen; sollen aber jetzt die Farben der natürlichen Körper gemischt werden, so rühre man Wasser, welches durch Seife ein wenig verdickt ist, zu Schaum auf; nachdem dieser sich ein wenig gesetzt hat, werden bei genauer Beobachtung auf der Oberfläche der

Blasen verschiedene Farben erscheinen; ist man aber so weit entfernt, dass man die Farben nicht mehr genau von einander unterscheiden kann, so erscheint der ganze Schaum in vollkommenem Weiss.

15. Versuch. Als ich endlich versuchte, durch Mischung von Farbenpulvern, wie sie die Maler brauchen, ein Weiss zusammenzusetzen, bemerkte ich, dass alle Farbenpulver einen beträchtlichen Theil des auf sie fallenden Lichts unterdrücken und in sich selbst zurückhalten. Denn sie werden dadurch farbig, dass sie das Licht ihrer eigenen Farbe reichlicher, das aller anderen spärlicher reflectiren, und doch werfen sie das Licht ihrer eigenen Farbe nicht in solcher Menge zurück, wie es weisse Körper thun. Wenn man z. B. Mennige und ein weisses Papier dem rothen Lichte eines Farbenspectrums aussetzt, welches in einem dunklen Zimmer durch die Brechung eines Prismas entworfen wird, wie im 3. Versuche des ersten Theils beschrieben, so wird das Papier heller leuchten, als die Mennige, reflectirt also die Roth erregenden Strahlen in grösserer Menge, als die Mennige. Werden sie in eine andere Farbe gehalten, so übertrifft das vom Papier reflectirte Licht das von der Mennige reflectirte in noch weit grösserem Verhältnisse. Dasselbe ist bei anderen Farbenpulvern der Fall. Daher dürfen wir nicht erwarten, durch Mischung solcher Pulver ein kräftiges, reines Weiss zu erhalten, so wie das des Papiers, sondern nur ein etwas dämmeriges, dunkles, wie es die Mischung von Licht und Finsterniss, von Weiss und Schwarz giebt, d. i. eine Art Grau oder Braun, Russisch-Braun, etwa von der Farbe der menschlichen Nägel oder einer Maus, der Asche, gewöhnlicher Steine, des Mörtels, Staubes oder Schmutzes auf den Landstrassen oder dergleichen. Ein solches dunkles Weiss habe ich durch Mischung von Farbenpulvern oft hervorgebracht. So giebt 1 Theil Mennige mit 5 Theilen Grünspan eine braune Farbe, ähnlich der einer Maus; denn jede dieser beiden Farben ist so sehr aus anderen zusammengesetzt, dass beide zusammen eine Mischung von allen Farben darstellen, und man brauchte weniger Mennige als Grünspan, weil die erstere Farbe viel kräftiger ist. Wiederum: 1 Theil Mennige und 4 Theile Bergblau geben eine braune, ein wenig nach Purpur neigende Farbe; und setzt man dazu eine Mischung von Auripigment und Grünspan in passendem Verhältnisse, so verliert die Mischung ihre Purpurfärbung und wird vollkommen braun. Der Versuch gelingt

aber am besten ohne Mennige folgendermaassen. Zum Auripigment setzte ich nach und nach ein gewisses, lebhaft glänzendes
Purpur zu, wie es die Maler brauchen, bis das Auripigment
aufhörte, gelb zu sein, und blassroth wurde. Dann schwächte
ich das Roth durch Zusatz von ein wenig Grünspan und etwas
mehr Bergblau, als Grünspan, bis es ein solches Grau oder
blasses Weiss wurde, dass es zu keiner der beiden Farben
mehr, als zu der anderen neigte. Dadurch bekam das Ganze
eine Farbe, deren Weiss dem der Asche glich oder dem von
frisch gefälltem Holze oder der menschlichen Haut. Das
Auripigment reflectirt mehr Licht, als irgend ein anderes Pulver
und trug deshalb mehr, als diese, zu dem Weiss der zusammengesetzten Farbe bei. Es ist schwierig, die Mischungsverhält-
nisse genau anzugeben, wegen der verschiedenen Güte der
Pulver der nämlichen Art. Je nachdem die Farbe eines Pulvers mehr oder weniger kräftig und leuchtend ist, muss man
es in kleinerem oder grösserem Verhältniss anwenden.

Erwägt man also, dass diese grauen und braunen Farben
auch durch Mischung von Weiss und Schwarz hervorgebracht
werden können, sich also von vollkommenem Weiss nicht in
der Art der Farbe, sondern nur durch den Grad der Helligkeit unterscheiden, so ist klar, dass, um sie vollkommen weiss
zu machen, nichts weiter nöthig ist, als ihr Licht genügend
zu verstärken; und wenn sie umgekehrt durch Vermehrung
ihrer Leuchtkraft auf vollkommenes Weiss gebracht werden
können, so ergiebt sich daraus, dass sie Farben der nämlichen
Art sind, wie das beste Weiss, und nur durch die Quantität
des Lichts sich von ihm unterscheiden. Ich prüfte dies
experimentell auf folgende Weise. Ich nahm den dritten Theil
der oben beschriebenen grauen Mischung (nämlich der aus
Auripigment, Purpur, Bergblau und Grünspan zusammengesetzten) und trug sie dick auf den Fussboden meines Zimmers
auf, da wo durch den geöffneten Fensterflügel die Sonne hin-
schien, und legte daneben in den Schatten ein Stück weisses
Papier von derselben Grösse. Wenn ich mich alsdann 12 bis
18 Fuss davon entfernte, so dass ich die Unebenheiten an der
Oberfläche des Pulvers und die kleinen, von den körnigen
Partikeln geworfenen Schatten darauf nicht mehr sehen konnte,
so erschien das Pulver so intensiv weiss, dass es beinahe das
Weiss des Papiers übertraf, zumal wenn das letztere durch
Wolken ein wenig beschattet wurde; alsdann erschien das
Papier in eben der grauen Farbe, wie vorher das Pulver.

Legte ich aber das Papier an einen Platz, den die Sonne
durch das Fensterglas hindurch beschien, oder liess ich durch
Schliessen des Fensters die Sonne durch das Glas auf das
Pulver scheinen, oder vermehrte oder verminderte ich durch
ähnliche Kunstgriffe das Licht, womit Pulver und Papier beleuchtet wurden, so konnte das Licht, welches das Pulver
beleuchtete, in so richtigem Verhältnisse kräftiger werden, wie
das auf das Papier fallende, dass beide genau gleich weiss
erschienen. Als ich über diesen Versuchen war, kam ein
Freund, mich zu besuchen; ich hielt ihn an der Thüre auf und
ehe ich ihm sagte, was für Farben dies wären und was ich
vor hätte, fragte ich ihn, welches von den beiden Weiss das
bessere wäre und wodurch sich beide unterschieden. Nachdem er sie aus der Entfernung genau betrachtet hatte, ant-
wortete er, sie seien beide gutes Weiss und er könne nicht
sagen, welches von beiden das bessere wäre und worin sie
sich unterschieden. Bedenkt man also, dass das Weiss des
Pulvers im Sonnenscheine aus den Farben zusammengesetzt
war, welche die zusammensetzenden Pulver, Auripigment, Purpur, Bergblau und Grünspan, in demselben Sonnenschein besassen, so muss man nach diesem, ebenso wie nach dem
vorigen Versuche anerkennen, dass das vollkommene Weiss
aus Farben zusammengesetzt ist.

Aus dem Gesagten ist klar, dass das Weiss des Sonnenlichts aus allen den Farben zusammengesetzt ist, mit denen
die verschiedenen Strahlenarten, aus denen es besteht, jenes
Papier oder irgend einen anderen weissen Körper, auf den
sie fallen, färben, sobald sie durch ihre verschiedene Brechbarkeit von einander getrennt werden. Denn diese Farben
sind nach Prop. II unveränderlich, und immer, wenn alle
diese Strahlen sammt ihren Farben wieder mit einander gemischt werden, bringen sie dasselbe weisse Licht hervor,
wie vorher[16].

Prop. VI. Aufgabe 2.

In einer Mischung von primären Farben aus der
gegebenen Quantität und Qualität jeder einzelnen
die Farbe der Zusammensetzung zu finden.

Mit dem Radius OD (Fig. 40, S. 100) beschreibe man einen
Kreis um den Mittelpunkt O und theile seinen Umfang in

7 Theile DE, EF, FG, GA, AB, BC, CD, proportional den sieben musikalischen Tönen oder den Intervallen der acht in einer Octave enthaltenen Töne [17] D, E, F, G, A, B, C, D, d. h. proportional den Zahlen $\frac{1}{9}$, $\frac{1}{16}$, $\frac{1}{16}$, $\frac{1}{9}$, $\frac{1}{16}$, $\frac{1}{16}$, $\frac{1}{9}$. Der erste Theil, DE stelle, eine rothe Farbe dar, der zweite, EF, Orange, der dritte, FG, Gelb, der vierte, GA, Grün, der fünfte, AB, Blau, der sechste, BC, Indigo und der siebente, CD, Violett. Nun stelle man sich vor, dies seien sämmtliche Farben des einfachen Lichts, die allmählich in einander übergehen, / wie es der Fall ist, wenn sie durch Prismen erzeugt werden, und der Umfang $DEFGABCD$ stelle die ganze Farbenfolge von einem Ende des Sonnenspectrums bis zum anderen dar, und zwar von D bis E alle Grade des Roth, bei E die Mittelfarbe zwischen Roth und Orange, von E bis F alle Grade des Orange, bei F die Mitte zwischen Orange und Gelb, von F bis G alle Abstufungen des Gelb, u. s. f. Sei ferner p der Schwerpunkt des Bogens DE, und q, r, s, t, u, x beziehentlich die Schwerpunkte der Bogen EF, FG, GA, AB, BC und CD; um diese Schwerpunkte beschreibe man Kreise, proportional der Anzahl der Strahlen jeder Farbe in der gegebenen Mischung, d. h. den Kreis p proportional der Anzahl der Roth erregenden Strahlen der Mischung, den Kreis q proportional der Menge der Orange erregenden Strahlen, u. s. w. Nun suche man den gemeinsamen Schwerpunkt aller dieser Kreise p, q, r, s, t, u, x: er sei z, und ziehe vom Mittelpunkte des Kreises ADF durch z die gerade Linie OY bis zur Peripherie, so wird der Ort des Punktes Y in der Peripherie die Farbe anzeigen, die aus der Zusammensetzung aller Farben der gegebenen Mischung entsteht, und die Linie Oz wird der Sättigung oder Intensität dieser Farbe, d. h. ihrer Entfernung von Weiss proportional sein. Wenn Y z. B. in die Mitte zwischen F und G fällt, so ist die zusammengesetzte Farbe das reinste Gelb; wenn Y sich von der Mitte aus nach F oder G hin entfernt, so ist die zusammengesetzte Farbe dem entsprechend ein nach Orange oder nach Grün neigendes Gelb. Fällt z auf die Peripherie, so ist die Farbe im höchsten Grade intensiv und prächtig, fällt es mitten auf den Radius, so ist sie nur halb so kräftig, d. h. eine Farbe,

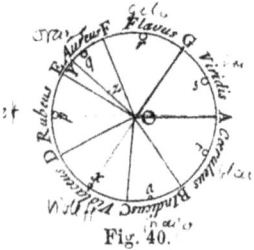

Fig. 40.

wie sie durch Verdünnen des intensivsten Gelb mit der gleichen Menge Weiss entstehen würde, und fällt z in das Centrum O, so hat die Farbe ihre ganze Intensität verloren, und es tritt Weiss auf. Doch ist zu bemerken, dass, wenn z in die Linie OD oder dicht daneben fällt, wo die Hauptbestandtheile Roth und Violett sind, dass dann die zusammengesetzte Farbe keine der prismatischen Farben ist, sondern ein zum Roth oder Violett neigendes Purpur, je nachdem der Punkt z neben der Linie OD nach E oder nach C hin liegt; und im Allgemeinen ist das zusammengesetzte Violett heller und feuriger, als das nicht zusammengesetzte. Auch wenn man bloss zwei primäre Farben, die in dem Kreise einander gegenüberstehen, in gleichem Verhältnisse mischt, wird der Punkt z in das Centrum O fallen und dennoch die aus diesen beiden zusammengesetzte Farbe nicht vollkommen weiss sein, sondern irgend eine schwache, nicht zu bezeichnende Farbe. Denn ich vermochte niemals durch Mischung von nur zwei primären Farben ein vollkommenes Weiss herzustellen. Ob es aus einer Mischung von drei, auf der Peripherie gleichweit von einander abstehenden Farben zusammengemischt werden kann, weiss ich nicht, unzweifelhaft aber aus vier oder fünf. Dies sind aber nur Merkwürdigkeiten von geringer oder gar keiner Bedeutung für das Verständniss der Naturerscheinungen; denn in jedem von der Natur selbst hervorgebrachten Weiss ist in der Regel eine Mischung von allen Strahlenarten vorhanden, folglich auch eine Zusammensetzung von allen Farben.

Um ein Beispiel für diese Regel anzuführen, sei einmal eine Farbe folgendermaassen aus homogenen Farben zusammengesetzt: 1 Theil Violett, 1 Theil Indigo, 2 Theile Blau, 3 Theile Grün, 5 Theile Gelb, 6 Theile Orange und 10 Theile Roth. Diesen Theilen proportional beschreibe man die Kreise x, v, t, s, r, q, p, so dass also der Kreis $x = 1$, $v = 1$, $t = 2$, $s = 3$, r, q und p der Reihe nach 5, 6 und 10 sind. Dann finde ich den gemeinsamen Schwerpunkt z dieser Kreise und ziehe durch z die Linie OY; der Punkt Y fällt auf die Peripherie zwischen E und F, etwas näher an E als an F; daraus schliesse ich, dass die aus diesen Ingredienzen zusammengesetzte Farbe ein Orange sein wird, das ein wenig mehr zu Roth, als zu Gelb neigt. Ferner finde ich, dass Oz etwas kleiner ist, als $\frac{1}{2} OY$, und daraus schliesse ich, dass dieses Orange etwas weniger als halb so viel Intensität besitzt, wie ein nicht zusammengesetztes Orange, d. h. ein Orange, wie es

durch Mischung eines homogenen Orange mit einem guten
Weiss im Verhältnisse der Linie Oz zu zY entstehen muss,
wobei dieses Verhältniss sich nicht auf die Mengen des gemischten orangenen und weissen Pulvers, sondern auf die
Mengen des von ihnen reflectirten Lichts bezieht.

Wenn auch diese Regel nicht mathematisch genau ist,
glaube ich doch, dass sie für die Praxis genügende Genauigkeit besitzt, und ihre Richtigkeit wird augenscheinlich genügend bewiesen, wenn man irgend eine Farbe, wie im 10. Versuche dieses zweiten Theils, bei der Linse auffängt; denn
die übrigen, nicht aufgehaltenen Farben, die nach dem Brennpunkte der Linse gehen, setzen dort genau oder doch ganz
annähernd eine solche Farbe zusammen, wie sie nach dieser
Regel aus der Mischung erhalten wird.

Prop. VII. Lehrsatz 5.

Alle Farben in der Welt, die durch Licht erzeugt
sind und nicht von unserer Einbildungskraft ab-
hängen, sind entweder Farben homogenen Lichts
oder aus solchen zusammengesetzt, und zwar entweder genau, oder ganz annähernd nach der Regel
der vorhergehenden Aufgabe.

In Prop. I des zweiten Theils ist bewiesen worden, dass
der durch Brechungen entstandene Farbenwechsel nicht aus
irgend welchen Modificationen der Strahlen entspringe, die
durch die Brechung oder durch die verschiedenen Begrenzungen von Licht und Schatten ihnen aufgeprägt wären, wie
dies immer die allgemeine Ansicht der Naturforscher gewesen
ist. Es ist auch bewiesen worden, dass die verschiedenen
Farben der homogenen Lichtstrahlen constant den Graden
ihrer Brechbarkeit entsprechen (1. Theil, Prop. I und 2. Theil,
Prop. II), und dass die Grade ihrer Brechbarkeit in Folge
von Brechungen und Reflexionen sich nicht ändern können
(1. Theil, Prop. II), mithin auch ihre Farben ebenso unveränderlich sind. Es ist auch durch getrennte Brechung und
Reflexion homogenen Lichts direct bewiesen worden, dass
dessen Farben sich nicht ändern können (2. Theil, Prop. II).
Ebenso ist erwiesen, dass die verschiedenen Strahlenarten,
wenn sie sich mischen und kreuzen und nach demselben Orte
gelangen, nicht dergestalt auf einander einwirken, dass sie

ihre Farbenqualitäten gegenseitig ändernd beeinflussen (2. Theil, 10. Versuch), sondern dass sie in unserem Empfindungsorgan ihre Wirkungen vermischen und eine andere Empfindung, wie jede einzeln für sich, hervorrufen, nämlich die Empfindung einer Mittelfarbe zwischen den einzelnen Farben, und insbesondere, wenn durch Mitwirkung und Mischung sämmtlicher Farben eine weisse Farbe entsteht, dass dieses Weiss die Mischung aller der Farben ist, welche die Strahlen einzeln gehabt haben würden (2. Theil, Prop. V). In dieser Mischung verlieren die Strahlen weder ihre besonderen Farbeneigenschaften, noch ändern sie dieselben, sondern, indem sich in der Empfindung alle ihre verschiedenen Wirkungsweisen mischen, erregen sie die Empfindung einer Mittelfarbe zwischen allen ihren eigenen Farben, und diese ist Weiss.   Denn Weiss hält die Mitte zwischen allen Farben und stellt sich zu allen in gleicher Weise derart, dass es mit gleicher Leichtigkeit von jeder deren Färbung annimmt.   Ein rothes Pulver, mit ein wenig Blau gemischt, oder Blau mit ein wenig Roth verlieren nicht sogleich ihre Farben, aber ein weisses Pulver, mit einer anderen Farbe vermischt, wird augenblicklich diese Farbe annehmen, und zwar in gleicher Weise jede beliebige Farbe.   Es ist auch gezeigt worden, dass, wie das Sonnenlicht aus allen Strahlenarten gemischt ist, so sein Weiss eine Mischung der Farben aller Strahlenarten ist, und dass diese Strahlen von Anbeginn an ihre verschiedenen Farbeneigenschaften ebenso gut wie ihre verschiedene Brechbarkeit besitzen und diese beständig unverändert beibehalten, was für Brechungen und Reflexionen sie auch ausgesetzt werden mögen, dass aber ihre eigene Farbe sich offenbart, wenn irgend einmal eine Art der Sonnenstrahlen auf irgend eine Weise von den übrigen getrennt wird (wie im 9. und 10. Versuche des 1. Theils oder durch Brechungen, wo dies allemal stattfindet). Die Gesammtheit dieser Ergebnisse trägt zum Beweise der jetzt vorliegenden Proposition bei.   Denn wenn das Licht der Sonne aus verschiedenen Strahlenarten gemischt ist, die ursprünglich jede ihre eigentümliche Brechbarkeit und Farbenqualität besitzen, und wenn sie trotz Brechungen und Reflexionen, Trennungen und Mischungen diese ihre eigenthümlichen Eigenschaften ohne jegliche Aenderung bewahren, so müssen alle Farben in der Natur solche sein, wie sie beständig aus den ursprünglichen Farbeneigenschaften der Strahlen entstehen, aus denen das Licht, mittelst dessen die Farben

sichtbar werden, zusammengesetzt ist. Wenn also nach der
Ursache einer Farbe gefragt wird, so haben wir nichts weiter
zu thun, als zu überlegen, wie die Strahlen des Sonnenlichts
durch Reflexionen oder Brechungen oder durch andere Ursachen von einander getrennt oder mit einander gemischt worden sind, oder auf andere Weise ausfindig zu machen, welche
Strahlenarten in dem die Farbe liefernden Lichte vorhanden
sind, und in welchen Verhältnissen, um sodann mittelst der
letzten Aufgabe die Farbe zu erkennen, die durch Mischung
dieser Strahlen oder ihrer Farben nach eben diesem Verhältnisse entstehen muss. Ich spreche hier von Farben nur insoweit, als sie aus Licht entstehen; denn bisweilen entspringen
solche aus anderen Ursachen, z. B. wenn wir im Traume
durch die Einbildungskraft Farben sehen, oder wenn ein Irr-
sinniger Dinge vor sich sieht, die gar nicht existiren, oder
wenn wir in Folge eines Schlags auf das Auge Feuerfunken
erblicken, oder wenn wir das Auge in einem Winkel zu-
drücken, während wir zur Seite blicken, und dann Farben
sehen, wie die Augen im Pfauenfederschwanze. Wo diese
oder ähnliche Ursachen nicht dazwischen treten, entspricht
die Farbe immer der einen oder allen den Strahlenarten, aus
denen das Licht besteht, wie ich bei allen möglichen Farbenerscheinungen constant gefunden habe, die ich bis jetzt zu
untersuchen im Stande war. In den folgenden Propositionen
werde ich Beispiele davon geben zur Erklärung der bemerkens
werthesten Erscheinungen.

Prop. VIII. Aufgabe 3.

Aus den nachgewiesenen Eigenschaften des Lichts
die durch Prismen hervorgerufenen Farben zu
erklären.

Sei ABC (Fig. 41) ein Prisma, welches das Licht der
Sonne bricht, das durch eine Oeffnung $F\varphi$, fast ebenso breit
wie das Prisma, in ein dunkles Zimmer eintritt, und MN sei
ein weisses Papier, auf welches das gebrochene Licht geworfen wird; die brechbarsten, das tiefste Violett erregenden
Strahlen mögen auf den Raum $P\pi$ fallen, die wenigst brechbaren, Roth erregenden auf $T\tau$, die zwischen den Indigo und
den Blau erregenden in der Mitte gelegenen auf $Q\chi$, die
mittelsten Grün erregenden auf $R\varrho$, die mittleren zwischen
den Gelb und Orange erregenden auf $S\sigma$, und andere zwischen-

liegende Strahlenarten auf die Räume dazwischen. Somit liegen
die Räume, auf welche zufolge ihrer verschiedenen Brechbarkeit die verschiedenen Strahlenarten fallen, einer immer tiefer,
als der andere. Wenn nun das Papier MN sich so nahe am
Prisma befindet, dass die Räume PT und $\pi\tau$ nicht zusammentreffen, so wird der Zwischenraum $T\pi$ zwischen ihnen durch
alle Strahlenarten in dem nämlichen Verhältnisse, wie sie aus
dem Prisma treten, beleuchtet werden und folglich weiss sein.
Aber die Räume zwischen PT und $\pi\tau$ zu beiden Seiten von
$T\pi$ werden nicht von allen Strahlenarten getroffen, daher
farbig erscheinen. So muss besonders bei P, wohin nur die
äussersten, Violett erregenden Strahlen fallen, die Farbe das

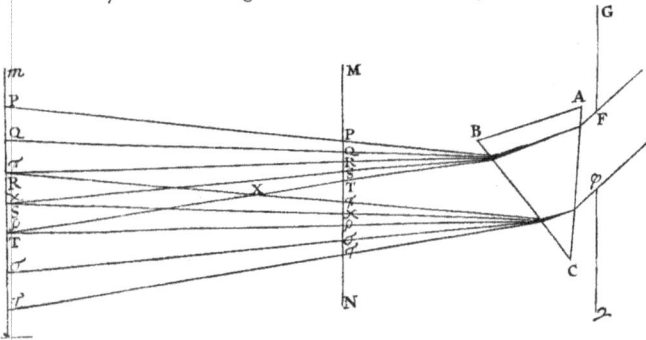

Fig. 41.

tiefste Violett sein; bei Q, wo die Violett und die Indigo erregenden Strahlen sich mischen, muss ein stark gegen Indigo
neigendes Violett erscheinen. Bei R sind die Violett, die
Indigo, die Blau erregenden und die Hälfte der Grün erzeugenden Strahlen gemischt; ihre Farben müssen daselbst (nach
der Construction der 2. Aufgabe) eine zwischen Indigo und
Blau in der Mitte liegende Farbe zusammensetzen. Bei s, wo
alle Strahlen ausser den Roth und Orange erregenden gemischt
sind, müssen deren Farben nach derselben Regel ein mattes,
mehr nach Grün als nach Indigo neigendes Blau geben. Im
weiteren Verlaufe von S nach T hin wird dieses Blau mehr
und mehr verwaschen und schwach, bis es bei T, wo alle
Farben gemischt sind, mit Weiss endigt.

Ebenso muss auch auf der anderen Seite, wo die wenigst
brechbaren oder äussersten rothen Strahlen allein vorhanden

sind, die Farbe das tiefste Roth sein. Bei σ wird die Mischung von Roth und Orange ein zu Orange neigendes Roth
ergeben; bei ϱ muss die Mischung von Roth, Orange, Gelb
und der Hälfte des Grün eine Mittelfarbe zwischen Orange
und Gelb zusammensetzen, bei χ die Mischung aller Farben
ausser Violett und Indigo ein schwaches, mehr zu Grün als
zu Orange neigendes Gelb; und dieses Gelb wird von χ bis
π allmählich immer schwächer werden, bis die Mischung
sämmtlicher Strahlenarten Weiss ergiebt.

Diese Farben müssten erscheinen, wenn das Licht der
Sonne vollkommen weiss wäre; aber da es nach Gelb neigt,
so wird der Ueberschuss an Gelb erregenden Strahlen, der
ihr eben diesen gelblichen Schein verleiht, sich mit dem
schwachen Blau zwischen S und T vermischen und eine An-
näherung zu einem schwachen Grün zur Folge haben. Nun
müssen also die Farben in der Reihenfolge von P bis T die
folgenden sein: Violett, Indigo, Blau, ein sehr schwaches Grün,
Weiss, ein schwaches Gelb, Orange, Roth. So ergiebt es die
Berechnung, und wer die durch ein Prisma erzeugten Farben
betrachten will, wird es auch in der Natur so finden.

So sind die Farben zu beiden Seiten des Weiss, wenn
man das Papier zwischen das Prisma und den Punkt X hält,
wo die Farben zusammentreffen und das Weiss zwischen ihnen
verschwindet. Bringt man aber das Papier in einen grösseren
Abstand vom Prisma, so werden in der Mitte des Lichts die
brechbarsten und die am wenigsten brechbaren Strahlen fehlen,
und die dort noch vorhandenen Strahlen werden durch ihre
Mischung ein kräftigeres Grün erzeugen, wie zuvor; auch Blau
und Gelb werden jetzt weniger zusammengesetzt und in Folge
dessen intensiver erscheinen, als vorher. Dies stimmt ebenfalls mit der Erfahrung überein.

Wenn man durch ein Prisma nach einem von Schwarz
oder Dunkelheit umgebenen weissen Objecte blickt, so ist der
Grund dafür, dass man an den Rändern Farben sieht, fast
der nämliche, wie Jedem klar werden wird, der dies mit
einiger Aufmerksamkeit betrachtet. Ist aber ein schwarzer
Gegenstand von Weiss begrenzt, so sind die durch ein Prisma
erscheinenden Farben aus dem Lichte des Weiss, welches sich
in das Gebiet des Schwarz verbreitet, herzuleiten und erscheinen deshalb in umgekehrter Folge, wie wenn ein weisses
Object von Schwarz umgrenzt ist. Begreiflicherweise tritt
Dasselbe ein, wenn man nach einem Objecte blickt, von dem

einige Theile weniger gut beleuchtet sind als andere; denn
an den Grenzen zwischen den helleren und den weniger hellen
Theilen müssen nach denselben Grundsätzen durch das Ueberwiegen der hellen Theile Farben entstehen, und diese müssen
von der nämlichen Art sein, als wenn die dunkleren Theile
schwarz wären, nur dass sie schwächer und matter sein müssen.

Was von prismatischen Farben gilt, lässt sich leicht auf
die Farben anwenden, die durch die Gläser von Fernrohren
oder Mikroskopen, oder durch die feuchten Medien des Auges
entstehen. Denn wenn das Objectiv eines Fernrohrs an der
einen Seite dicker ist, als an der anderen, oder wenn die eine
Hälfte des Glases oder die eine Hälfte der Pupille des Auges
mit einer dunklen Substanz bedeckt wird, so ist das Objectiv
oder der nicht bedeckte Theil des Glases oder des Auges als
ein Keil mit krummen Seiten zu betrachten, und jeder Keil
von Glas oder einem anderen durchsichtigen Stoffe wirkt wie
ein Prisma, wenn er durchgehendes Licht bricht.

Wie die Farben beim 9. und 10. Versuche des ersten
Theils aus der verschiedenen Brechbarkeit des Lichts entspringen, ist aus dem dort Gesagten klar. Aber im 9. Versuche ist zu bemerken, dass, während das Sonnenlicht gelb
ist, der Ueberschuss der Blau erregenden Strahlen im reflectirten Lichtbündel MN nur hinreicht, das Gelb in ein mattes,
zu Blau neigendes Weiss zu verwandeln, nicht aber deutlich
blau zu färben. Um also ein besseres Blau zu erhalten, benutzte ich anstatt des gelben Lichts der Sonne das weisse
Licht der Wolken, indem ich den Versuch in folgender Weise
ein wenig abänderte.

16. Versuch. Sei HFG (Fig. 42) ein Prisma in freier
Luft und S das Auge eines Beobachters, der die Wolken
durch das Licht erblickt, welches von
da an der ebenen Seite $FIGK$ des
Prismas eintritt, an dessen Basis $HEIG$
reflectirt wird und durch die Ebene
$HEFK$ in der Richtung nach dem
Auge austritt. Wenn Prisma und Auge,
wie es sein muss, in eine solche Stellung gebracht werden, dass Einfalls-
und Reflexionswinkel an der Basis
ungefähr 40° betragen, so wird der

Fig. 42.

Beobachter einen mit der concaven Seite ihm zugekehrten
Bogen MN von blauer Farbe erblicken, der sich von einem

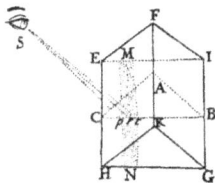

Ende der Basis bis zum andern erstreckt, und zwar wird
der jenseits des Bogens gelegene. Theil $IMNG$ der Basis
heller sein, als der andere Theil $EMNH$ auf der andern
Seite. Diese durch nichts Anderes als durch die Reflexion
einer spiegelnden Fläche hervorgerufene blaue Farbe MN
erschien als ein so sonderbares und mit den gewöhnlichen
Hypothesen der Naturforscher so schwierig zu erklärendes
Phänomen, dass ich nicht umhin konnte, ihm besondere
Beachtung zu schenken. Um nämlich die Ursache derselben
zu verstehen, denke man sich die Ebene ABC, welche die
ebenen Seitenflächen und die Basis des Prismas senkrecht
schneide, und ziehe vom Auge aus nach der Durchschnitts-
linie BC derselben mit der Basis die Linien Sp und St unter
den Winkeln $SpC = 50\frac{1}{9}°$ und $StC = 49\frac{1}{28}°$, so wird der
Punkt p die Grenze angeben, jenseits welcher keiner der brechbarsten Strahlen von der Basis des Prismas gebrochen und
durchgelassen werden kann, nämlich solcher Strahlen, die zufolge ihres Einfallswinkels nach dem Auge reflectirt werden
können, und ebenso wird t die Grenze angeben für die am
wenigsten brechbaren Strahlen, d. h. jenseits welcher keiner
von ihnen durch die Basis hindurchgeht, dessen Einfall ein
solcher ist, dass er durch Reflexion nach dem Auge gelangen
kann. Der Punkt r in der Mitte zwischen p und t wird dieselbe Grenze für die Strahlen von mittlerer Brechbarkeit darstellen. Deshalb werden alle Strahlen von geringster Brechbarkeit, die jenseits t, d. h. zwischen t und B, auf die Basis
fallen, und von da in das Auge gelangen können, dorthin
reflectirt werden, aber diesseits t, zwischen t und C, werden
viele dieser Strahlen durch die Basis durchgelassen werden.
Ebenso werden alle Strahlen von der grössten Brechbarkeit,
die jenseits p, d. h. zwischen p und B, auf die Basis fallen
und von da durch Reflexion in das Auge gelangen können,
wirklich dorthin reflectirt, aber in dem ganzen Raume zwischen p und C durchdringen viele von diesen brechbarsten
Strahlen die Basis, indem sie gebrochen werden. Dasselbe gilt
selbstverständlich von den Strahlen mittlerer Brechbarkeit zu
beiden Seiten des Punktes r. Daraus folgt, dass die Basis
des Prismas überall zwischen t und B zufolge totaler Reflexion
aller Strahlenarten nach dem Auge hin weiss und glänzend,
und überall zwischen p und C zufolge des Durchganges vieler
Strahlen jeder Art dunkel erscheinen muss; aber bei r und
an anderen Stellen zwischen p und t, wo alle brechbarsten

Strahlen nach dem Auge reflectirt und viele der wenigst-
brechbaren durchgelassen werden, muss dieser Ueberschuss der
brechbarsten Strahlen das reflectirte Licht violett und blau
färben. Und dies tritt ein, wo man auch die Linie $CprtB$
zwischen den Endflächen HG und EI des Prismas wählen mag.

Prop. IX.   Aufgabe 4.

Aus den nachgewiesenen Eigenschaften des Lichts
die Farben des Regenbogens zu erklären.

Ein Regenbogen ist nur sichtbar, wenn es bei Sonnenschein regnet, und kann künstlich hergestellt werden, wenn
man Wasser emporspringen lässt, welches dann, in Tropfen
zersprengt, wie Regen herabfällt. Die auf diese Tropfen
scheinende Sonne lässt dann einen Beobachter, der die richtige Stellung gegen Regen und Sonne einnimmt, sicherlich
einen Regenbogen erblicken. Deshalb ist gegenwärtig allgemein anerkannt, dass der Regenbogen durch Brechung des
Sonnenlichts in den fallenden Regentropfen entsteht. Dies
haben schon Einige der Alten eingesehen und in neuerer Zeit
ist es vollständig ergründet und erklärt worden von dem be-
rühmten *Antonius de Dominis*, Erzbischof von Spalato, in
seinem Werke: *de radiis visus et lucis*, welches im Jahre 1611
von seinem Freunde *Bartolus* zu Venedig herausgegeben und
über 20 Jahre vorher geschrieben ist. Dort lehrt Derselbe,
wie der innere Bogen durch zwei Brechungen des Sonnenlichts und eine dazwischen erfolgende Reflexion in den runden Tropfen entsteht, und der äussere durch zwei Brechungen
und zwei verschiedenartige Reflexionen dazwischen in jedem
Regentropfen, und er beweist seine Erklärungen durch Versuche, die er mit einer Flasche voll Wasser und mit wasser-
gefüllten Glaskugeln anstellt und der Sonne so aussetzt, dass
sie die Farben beider Bogen erscheinen lassen. Derselben
Erklärung ist *Descartes* in seinem Werke über die Meteore
gefolgt und hat die des äusseren Bogens noch verbessert. Da
aber beide Gelehrte den wahren Ursprung der Farben nicht
erkannten, ist es nothwendig, diesen Gegenstand hier noch
etwas weiter zu verfolgen. Um also das Zustandekommen
des Regenbogens zu verstehen, stelle die um den Mittelpunkt C

mit Radius CN beschriebene Kugel $BNFG$ (Fig. 43) einen Regentropfen oder irgend einen anderen durchsichtigen sphärischen Körper vor, und AN sei ein Sonnenstrahl, der auf

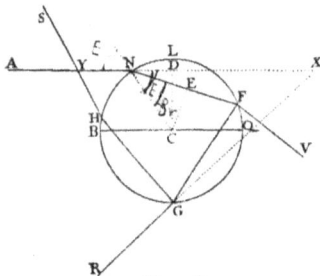

Fig. 43.

den Punkt N falle, von dort nach F gebrochen wird, von wo er entweder durch Brechung in der Richtung nach V aus der Kugel austritt oder nach G reflectirt wird; bei G gehe er entweder durch Brechung hinaus nach R, oder er werde nach H reflectirt; bei H gehe er durch Brechung hinaus nach S und schneide den einfallenden Strahl im Punkte Y. Man verlängere AN und RG bis zu ihrem Durchschnitte in X, fälle auf AX und NF die Senkrechten CD und CE, und verlängere CD, bis es bei L die Peripherie trifft. Parallel zu dem einfallenden Strahle AN ziehe man den Durchmesser BQ; der Sinus des Einfalls aus Luft in Wasser stehe zum Sinus der Brechung im Verhältniss $I : R$. Denkt man sich nun den Einfallspunkt N continuirlich von B bis L bewegt, so wird der Bogen QF erst wachsen, dann abnehmen, und ebenso der Winkel AXR, den die Strahlen AN und GR mit einander bilden; und der Bogen QF und der Winkel AXR werden ihren grössten Werth haben, wenn ND sich zu CN verhält, wie $\sqrt{I^2 - R^2}$ zu $R\sqrt{3}$, in welchem Falle sich NE zu ND verhält wie $2R : I$. Auch der Winkel AYS, den die Strahlen AN und HS mit einander bilden, wird zuerst abnehmen, dann wachsen, seinen kleinsten Werth aber annehmen, wenn ND sich zu CN verhält, wie $\sqrt{I^2 - R^2}$ zu $R\sqrt{8}$, in welchem Falle $NE : ND = 3R : I$. Ebenso erreicht der Winkel, den der nächste austretende Strahl (d. i. der nach drei Reflexionen austretende) mit dem einfallenden Strahle AN bildet, seinen Grenzwerth, wenn ND sich zu CN verhält, wie $\sqrt{I^2 - R^2}$ zu $R\sqrt{15}$, in welchem Falle $NE : ND = 4R : I$. Und der Winkel, den der unmittelbar folgende austretende Strahl, d. h. der nach vier Reflexionen austretende mit dem eintretenden AN bildet, erreicht seinen Grenzwerth, wenn $ND : CN = \sqrt{I^2 - R^2} : R\sqrt{24}$, in welchem Falle

$NE:ND = 5R:I$, und so fort bis ins Unendliche, wobei die Zahlen 3, 8, 15, 24, ... durch Addition der Glieder der arithmetischen Progression 3, 5, 7, 9, ... erhalten werden. Mathematiker werden sich leicht von der Richtigkeit des Gesagten überzeugen.

Nun muss beachtet werden, dass ebenso wie, wenn die Sonne sich einem der Wendekreise nähert, die Tage längere Zeit hindurch nur wenig zu- und abnehmen, ebenso auch die Grösse jener Winkel, wenn sie durch Zunahme des Abstandes CD sich ihren Grenzwerthen nähern, eine Zeit lang sich nur wenig ändert; daher wird in der Nähe jener Grenzwerthe von allen den Strahlen, die auf den Quadranten BL fallen, eine viel grössere Anzahl austreten, als bei irgend einem anderen Neigungswinkel. Ferner ist zu bemerken, dass Strahlen von verschiedener Brechbarkeit auch verschiedene Grenzwerthe ihrer Austrittswinkel haben und folglich entsprechend diesem verschiedenen Grade der Brechbarkeit unter verschiedenen Winkeln am reichlichsten austreten und, von einander getrennt, ein jeglicher in seiner eigenen Farbe erscheinen. Welches diese Winkel sind, kann aus dem vorhergehenden Lehrsatze leicht durch Rechnung gefunden werden.

Bei den am wenigsten brechbaren Strahlen verhalten sich (wie oben gefunden wurde) die Sinus von I und R, wie $108:81$; hieraus ergiebt sich durch Rechnung, dass der grösste Winkel $AXR = 42^o2'$ und der kleinste $AYS = 54^o57'$ ist; und bei den brechbarsten Strahlen verhalten sich die Sinus von I und R, wie $109:81$, woraus durch Rechnung der grösste Winkel $AXR = 40^o17'$ und der kleinste $AYS = 54^o7'$ gefunden wird.

Sei nun O (Fig. 44, S. 112) das Auge des Beobachters, und OP eine parallel den Sonnenstrahlen gezogene Linie, seien ferner die Winkel $POE = 40^o17'$, $POF = 42^o2'$, $POG = 50^o57'$ und $POH = 54^o7'$, so werden diese Winkel bei Drehung um ihren gemeinsamen Schenkel OP mit den anderen Schenkeln die Ränder von zwei Regenbogen $AFBE$ und $CHDG$ beschreiben. Denn wenn E, F, G, H Regentropfen bedeuten, die irgendwo auf den von OE, OF, OG, OH beschriebenen Kegelflächen liegen, und wenn diese von den Sonnenstrahlen SE, SF, SG, SH beschienen werden, so wird der Winkel SEO, da er $= POE = 40^o17'$ ist, der grösste Winkel sein, in welchem die brechbarsten Strahlen nach einer Reflexion gegen das Auge hin gebrochen werden können; daher werden sämmtliche Tropfen in der Linie OE am reichlichsten die brechbarsten Strahlen nach dem Auge senden und mithin

in dieser Richtung die Empfindung des tiefsten Violett erregen.
In derselben Weise wird der Winkel SFO, weil er $= POF$
$= 42^{\circ}2'$ ist, der grösste sein, unter welchem die Strahlen
von geringster Brechbarkeit nach einer Reflexion austreten
können, mithin gelangen aus den Tropfen in der Richtung OF
solche Strahlen in grösster Anzahl in das Auge und erregen
an dieser Stelle die Empfindung des lebhaftesten Roth. Aus
demselben Grunde kommen die Strahlen von mittlerer Brechbarkeit am zahlreichsten aus den Tropfen zwischen E und F und
lassen uns hier die mittleren Farben wahrnehmen in der Reihenfolge, wie der Grad ihrer Brechbarkeit erfordert, d. h. von E nach
F, oder von der Innen- nach der Aussenseite des Bogens fort-
schreitend, in der Folge: Violett, Indigo, Blau, Grün, Gelb, Orange,
Roth, nur wird das Violett in Folge der Zumischung von weissem
Wolkenlichte schwach erscheinen und nach Purpur zuneigen.

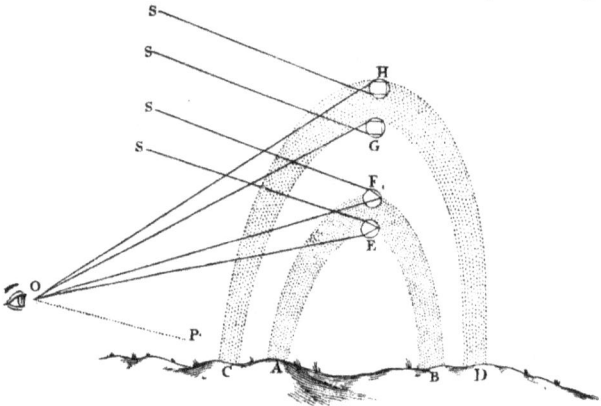

Fig. 44.

Der Winkel SGO wiederum wird, weil er $= POG$
$= 50^{\circ}51'$ ist, der kleinste sein, unter welchem die Strahlen
von geringster Brechbarkeit nach zwei Reflexionen aus den Tropfen austreten können, daher gelangen in der Linie OG die
wenigst-brechbaren Strahlen am reichlichsten in das Auge und
rufen den Eindruck des tiefsten Roth an dieser Stelle hervor.
Und der Winkel SHO, welcher $= POH = 54^{\circ}7'$ ist,
wird der kleinste Winkel sein, unter welchem nach zwei Reflexionen die brechbarsten Strahlen aus den Wassertropfen

austreten können, und deshalb gelangen in der Linie OH diese Strahlen am reichlichsten in das Auge und erregen die Empfindung des tiefsten Violett. Aus demselben Grunde rufen die Strahlen aus den zwischen G und H gelegenen Tropfen den Eindruck der mittleren Farben in der dem Grade ihrer Brechbarkeit entsprechenden Reihenfolge hervor, d. h. von G nach F, oder von der Innen- nach der Aussenseite des Bogens gezählt, in der Reihenfolge: Roth, Orange, Gelb, Grün, Blau, Indigo, Violett. Da endlich die vier Linien OE, OF, OG, OH irgendwo auf der oben erwähnten Kegelfläche liegen können, so gilt das von den Tropfen und den Farben in diesen Linien Gesagte von den Tropfen und Farben an jeder anderen Stelle dieser Fläche.

So entstehen zwei farbige Bogen, ein innerer, lebhafter gefärbter durch einmalige Reflexion in den Tropfen, und ein äusserer, schwächerer durch zwei Reflexionen, denn durch jede Reflexion wird das Licht geschwächt. Die Farben derselben liegen gegen einander in umgekehrter Reihenfolge, indem das Roth beider Bogen den zwischen ihnen gelegenen Raum GF begrenzt. Die quer durch die Farben hindurch gemessene Breite des inneren Bogens EOF beträgt $1°45'$, die Breite des äusseren GOH $3°10'$, der Abstand zwischen beiden, GOF, $8°55'$, indem der grösste Radius des inneren, d. i. der Winkel POF, $42°2'$ und der kleinste Radius des äusseren, POG, $50°57'$ beträgt. Dies sind die Maasse der Bogen, wie sie sein würden, wäre die Sonne nur ein Punkt; aber durch die Breite der Sonnenscheibe wird die Breite der Bogen vergrössert und ihr Abstand verkleinert, und zwar um $\frac{1}{2}°$, mithin beträgt die Breite des inneren Regenbogens $2°15'$, die des äusseren $3°40'$, ihr Abstand $8°25'$, der grösste Halbmesser des inneren $42°17'$ und der kleinste des äusseren $50°42'$. So finden sich die Dimensionen der Bogen am Himmel in der That fast genau, wenn die Farben lebhaft und vollständig auftreten. Denn ich maass einmal mit Hülfsmitteln, wie ich sie damals gerade hatte, den grössten Halbmesser des inneren Regenbogens zu ungefähr $42°$, und die Breite des Roth, Gelb und Grün darin zu $63-64'$, ausgenommen das äusserste, schwache Roth, welches durch die Helligkeit der Wolken verdunkelt wurde, und für welches etwa noch 3 bis 4 Minuten dazu gerechnet werden könnten. Die Breite des Blau war ungefähr $40'$ ohne das Violett, welches durch helle Wolken so beeinträchtigt wurde, dass ich seine Breite nicht messen konnte. Nimmt

man aber an, die Breite des Blau und Violett zusammengenommen betrage ebenso viel, wie die des Roth, Gelb und
Grün zusammen, so kommt für die ganze Breite dieses Regenbogens, wie vorher, $2\frac{1}{4}°$ heraus. Der kleinste Zwischenraum
zwischen diesem Regenbogen und dem äusseren war etwa
$8° 30'$; der äussere Bogen war breiter als der innere, doch
besonders an der blauen Seite so schwach, dass ich seine Breite
nicht genau messen konnte. Ein andermal, als beide Bogen
deutlich erschienen, maass ich die Breite des inneren zu $2°10'$,
und die Breite des Roth, Gelb und Grün im äusseren Bogen
verhielt sich zur Breite der nämlichen Farben im inneren, wie
3 : 2.

Diese Erklärung des Regenbogens wird noch weiter durch
das bekannte Experiment bestätigt, welches *Antonius de Dominis* und *Des Cartes* anstellten, indem sie an irgend einem
der Sonne ausgesetzten Orte eine mit Wasser gefüllte Glaskugel aufhingen und diese in einer solchen Stellung betrachte-
ten, dass die von der Kugel nach dem Auge gelangenden
Strahlen mit den Sonnenstrahlen einen Winkel von 42 oder
$50°$ bildeten. Denn wenn der Winkel ungefähr $42—43°$
beträgt, so wird der Beobachter, z. B. in O, an der der Sonne
entgegengesetzten Seite der Kugel, wie es in F dargestellt ist,
ein lebhaftes Roth erblicken; wird dieser Winkel kleiner, wie
wenn man z. B. die Kugel bis E herablässt, so werden an
derselben Seite der Kugel andere Farben erscheinen, und zwar
der Reihe nach Gelb, Grün und Blau. Bringt man aber den
Winkel bis auf $50°$, indem man etwa die Kugel bis G empor-
hebt, so wird an der der Sonne zugewandten Seite der Kugel
Blau auftreten, und macht man den Winkel noch grösser, z. B.
durch Emporheben der Kugel bis H, so wird das Roth der
Reihe nach in Gelb, Grün und Blau übergehen. Das Nämliche habe ich geprüft, indem ich die Kugel ruhig hängen
liess und das Auge hob und senkte oder durch andere Bewegungen desselben dem Winkel die richtige Grösse gab.

Ich habe einmal behaupten hören, dass, wenn das Licht
einer Kerze durch ein Prisma nach dem Auge hin gebrochen
werde, der Beobachter im Prisma Roth erblicke, sobald die
blaue Farbe sein Auge treffe, und wenn das Roth auf das
Auge falle, sehe er Blau. Wenn das richtig wäre, müssten
aber die Farben der Glaskugel und des Regenbogens in umgekehrter Reihenfolge erscheinen, als wir sie sehen. Das Miss-
verständniss entsteht, da die Farben der Kerze sehr schwach

sind, offenbar aus der Schwierigkeit, zu unterscheiden, welche Farben auf das Auge fallen. Denn ich habe ganz im Gegentheile bisweilen Gelegenheit gehabt, in dem durch ein Prisma gebrochenen Sonnenlichte wahrzunehmen, dass der Beobachter immer diejenige Farbe im Prisma erblickt, von welcher sein Auge getroffen wird, und habe dasselbe bei Kerzenlicht bestätigt gefunden. Denn wenn man das Prisma von der direct von der Kerze zum Auge gezogenen Linie langsam wegbewegt, so erscheint zuerst das Roth im Prisma und nachher das Blau, mithin wird jede Farbe alsdann gesehen, wenn sie auf das Auge fällt, denn zuerst geht das Roth über das Auge hinweg und nachher erst das Blau.

Das Licht, welches mittelst zweier Brechungen ohne eine Reflexion durch Regentropfen hindurchgeht, muss in einem Abstande von etwa 26° von der Sonne am hellsten erscheinen und nach beiden Seiten hin in dem Maasse allmählich schwächer werden, wie dieser Abstand grösser oder kleiner wird. Dasselbe gilt von Licht, welches durch kugelförmige Hagelkörner geht; und wenn die Hagelkörner ein wenig abgeplattet sind, wie das häufig der Fall ist, so kann das durchgelassene Licht in einem etwas kleineren Abstande als 26° so stark werden, dass es um Sonne und Mond einen Ring bildet. Diese »Halonen« sind nun gefärbt, sobald die Hagelkörner die richtige Gestalt haben, und zwar innen roth durch die wenigstbrechbaren Strahlen und aussen blau durch die brechbarsten, zumal wenn die Hagelkörner in ihrem Mittelpunkte undurchsichtige Kerne von Schnee enthalten, die das Licht innerhalb des Ringes (wie *Huyghens* beobachtet hat) auffangen und die Innenseite deutlicher abgegrenzt erscheinen lassen, als es sonst der Fall wäre. Denn solche Hagelkörner können, obgleich kugelig, indem sie dem Lichte durch den eingeschlossenen Schnee eine Grenze setzen, den Ring innen roth und aussen farblos machen und zwar, wie dies bei Halonen gewöhnlich der Fall ist, im rothen Theile dunkler, als aussen. Von den dicht beim Schnee vorbeigehenden Strahlen werden nämlich die rothen am wenigsten gebrochen und gelangen auf geradestem Wege in das Auge.

Das Licht, welches einen Regentropfen nach zwei Brechungen und drei oder mehr Reflexionen durchsetzt, ist kaum hell genug, um einen sichtbaren Regenbogen zu erzeugen, doch mag es vielleicht in den Eiscylindern wahrzunehmen sein, durch welche *Huyghens* die Nebensonnen erklärt hat.

Prop. X. Aufgabe 5.

Aus den nachgewiesenen Eigenschaften des Lichts
die dauernden Farben der natürlichen Körper zu
erklären.

Diese Farben rühren daher, dass von den natürlichen
Körpern die einen diese, die anderen jene Strahlenarten in
grösserer Menge reflectiren als andere. Mennige reflectirt am
reichlichsten die am wenigsten brechbaren, Roth erregenden
Strahlen, und deshalb erscheint es uns roth. Die Veilchen
reflectiren die brechbarsten Strahlen am meisten, und daher
haben sie ihre Farbe; und so ist es bei anderen Körpern:
jeder wirft die Strahlen der ihm eigenthümlichen Farbe in
grösserer Menge zurück, als die anderen Farbstrahlen, und
hat seine Farbe durch das Ueberwiegen der ersteren im reflectirten Lichte.

17. Versuch. Wenn man Körper von verschiedener
Farbe den homogenen Lichtstrahlen aussetzt, die man durch
Lösung der in Prop. IV des ersten Theils angegebenen Aufgabe
erhält, so wird man finden, wie ich selbst geprüft habe, dass
jeder Körper in dem Lichte seiner eigenen Farbe am glänzendsten und hellsten aussieht. Zinnober ist im homogenen
Roth am glänzendsten, im Grün sichtlich weniger hell und
noch weniger im Blau. Indigo ist am hellsten in violett-
blauem Lichte, und sein Glanz vermindert sich immer mehr,
wenn man es allmählich von da durch das Grün und Gelb
bis in das Roth bewegt. Durch Lauch wird grünes Licht,
und nächst diesem Blau und Gelb, die zusammengesetzt Grün
geben, viel kräftiger reflectirt, als die anderen Farben, das
Roth, Violett etc. Um aber diese Versuche noch deutlicher
und einleuchtender zu gestalten, muss man solche Körper
wählen, welche die kräftigsten und lebhaftesten Farben besitzen, und muss zwei solche Körper mit einander vergleichen.
Wenn man z. B. Zinnober und Ultramarin oder ein anderes
kräftiges Blau neben einander dem homogenen rothen Lichte aussetzt, so werden beide roth erscheinen, aber Zinnober wird ein
viel helleres und glänzenderes Roth zeigen, Ultramarin ein
schwaches und dunkles Roth; setzt man beide gleichzeitig homogenem blauen Lichte aus, so erscheinen beide blau, aber Ultramarin in kräftig glänzendem, Zinnober in schwachem, dunklem
Blau. Hierdurch ist ausser Zweifel gestellt, dass Zinnober

reichlicher als Ultramarin das rothe Licht reflectirt und Ultramarin viel mehr blaues Licht zurückwirft, als Zinnober. Derselbe Versuch gelingt mit Mennige und Indigo oder mit irgend
zwei anderen farbigen Körpern, wenn nur hinsichtlich der
verschiedenen Stärke oder Schwäche ihrer Farben und ihres
Lichts die gehörige Rücksicht genommen wird.

Wie sich der Ursprung der natürlichen Körperfarben aus
diesen Versuchen klar ergiebt, so wird er auch durch die beiden ersten Versuche im ersten Theile weiter bestätigt und
über jeden Zweifel erhoben; dort wurde an ebensolchen Körpern gezeigt, dass die reflectirten Lichtstrahlen von verschiedener Farbe auch verschiedene Grade der Brechbarkeit besitzen. Denn daraus folgt, dass manche Körper die brechbareren Strahlen, andere die weniger brechbaren in grösserer
Menge reflectiren.

Dass hierin nicht nur der richtige, sondern der alleinige
Erklärungsgrund der Farben liegt, erhellt weiter aus der Betrachtung der Thatsache, dass die Farbe eines homogenen
Lichts durch Reflexion von natürlichen Körpern nicht geändert wird. Denn wenn die Körper die Farbe irgend einer
Strahlenart durch Reflexion nicht im geringsten zu ändern
vermögen, so können sie auch auf keine andere Weise farbig
erscheinen, als durch Reflexion solcher Strahlen, die entweder
die ihnen zukommende Farbe besitzen oder sie durch Mischung
hervorbringen müssen.

Bei diesen Versuchen muss man jedoch darauf achten,
dass das Licht genügend homogen ist; denn wenn Körper
durch die gewöhnlichen prismatischen Farben beleuchtet werden, so erscheinen sie, wie ich durch Versuche gefunden habe,
weder in der Farbe, die sie bei Tageslicht haben, noch in der
Farbe des auf sie fallenden Lichts, sondern in einer Mittelfarbe zwischen beiden. So wird z. B. Mennige, mit dem gewöhnlichen prismatischen Grün beleuchtet, weder roth, noch
grün erscheinen, sondern orange oder gelb, oder in einer Farbe
zwischen Gelb und Grün, je nachdem das darauf fallende grüne
Licht mehr oder weniger zusammengesetzt ist. Denn weil
Mennige in dem alle Strahlenarten enthaltenden weissen Lichte
roth aussieht, und weil im grünen Lichte nicht alle Strahlenarten in gleicher Weise gemischt sind, so verursacht der im
grünen Lichte vorhandene Ueberschuss von gelben, grünen und
blauen Strahlen ein derartiges Ueberwiegen dieser letzteren,
dass sie das Roth in einer den ihrigen ähnlichen Farbe

erscheinen lassen. Und weil Mennige die rothen Strahlen in
einer im Verhältniss zu ihrer Anzahl reichlichen Menge, und
nächst diesen die Orange und Gelb erregenden Strahlen reflectirt, so werden diese im reflectirten Lichte im Verhältniss
zur ganzen Lichtmenge in grösserer Anzahl vertreten sein,
als sie es im auffallenden grünen Lichte waren, und werden
deshalb das zurückgeworfene Licht mit einer Neigung zu
diesen Farben hin erscheinen lassen. Deshalb erscheint die
Mennige weder roth, noch grün, sondern in einer Mittelfarbe
zwischen diesen beiden.

Bei durchsichtigen farbigen Flüssigkeiten ist zu beob-
achten, dass ihre Farben mit der Dicke der Schicht zu va-
riiren pflegen. Wenn man z. B. eine rothe Flüssigkeit in
einem kegelförmigen Glase zwischen Licht und Auge hält, so
erscheint sie am Boden, wo diese Schicht dünn ist, in einem
blassen, schwachen Gelb, etwas höher, wo sie dicker wird,
orange, wo sie noch dicker ist, roth, und wo sie die grösste
Dicke besitzt, im tiefsten, dunkelsten Roth. Denn es ist be-
greiflich, dass eine solche Flüssigkeit die Indigo und Violett
erregenden Strahlen am leichtesten auffängt, weniger die
blauen, noch. weniger die grünen und am wenigsten die
rothen; und wenn die Dicke der Flüssigkeitsschicht nur so
gross ist, um eine hinreichende Zahl der Violett und Indigo
erregenden Strahlen aufzuhalten, ohne die Zahl der anderen
bedeutend zu verringern, so muss (nach Prop. VI des ersten
Theils) der Rest ein blasses Gelb ergeben. Wenn aber die
Flüssigkeit so dick ist, dass sie auch eine Menge blaue und
einige grüne Strahlen zurückhält, so müssen die übrig bleiben-
den ein Orange zusammensetzen; und wo sie so dick ist,
dass sie eine grosse Zahl grüner und noch eine beträchtliche
Menge gelber aufhält, müssen die übrigbleibenden anfangen,
Roth zu geben, und dieses Roth muss immer intensiver und
dunkler werden, in dem Maasse, wie die Gelb und Orange
erregenden Strahlen mit wachsender Dicke der Flüssigkeitsschicht mehr und mehr aufgefangen werden, so dass nur einige
Strahlen ausser den rothen hindurchgehen können.

Ein Versuch, der ebenfalls hierher gehört, ist mir vor
Kurzem von Herrn *Halley* mitgetheilt worden, der an einem
sonnenhellen Tage in einem geeigneten Behälter tief in die
See untertauchte und, als er viele Faden tief unter Wasser
war, gefunden hat, dass der obere direct von der Sonne durch
das Wasser und ein kleines Glasfenster im Behälter hindurch

beschienene Theil seiner Hand in einer rothen Farbe, ähnlich
einer Rose von Damaskus, erschien und das Wasser darunter,
sowie der untere Theil der Hand, welcher von dem aus
tieferem Wasser reflectirten Lichte beschienen war, grün aus-
sah. Daraus kann man schliessen, dass das Meerwasser die
violetten und blauen Strahlen am leichtesten zurückwirft und
die rothen ungehindert und reichlich bis zu grossen Tiefen
hindurchlässt. Dadurch muss, weil überall in grosser Tiefe
die rothen Strahlen vorherrschen, das directe Sonnenlicht dort
roth erscheinen, um so voller und intensiver, je grösser die
Tiefe ist. Und in solchen Tiefen, bis zu welchen kaum noch
die violetten Strahlen einzudringen vermögen, müssen die
blauen, grünen und gelben Strahlen, die von unten reichlicher,
als die rothen reflectirt werden, Grün zusammensetzen.

Hat man also zwei deutlich gefärbte Flüssigkeiten, z. B.
eine rothe und eine blaue, beide in solcher Menge, dass ihre
Farben genügend kräftig erscheinen, so wird man, obgleich
jede Flüssigkeit für sich genügend durchsichtig ist, doch nicht
im Stande sein, durch beide zugleich hindurchzusehen; denn
wenn durch die eine nur die rothen, durch die andere nur
die blauen Strahlen gehen, so können keine Strahlen durch
beide hindurchgehen. Dies hat Herr *Hook* durch Zufall an
Glaskeilen prüfen können, die mit rother und mit blauer
Flüssigkeit gefüllt waren, und er war über den unerwarteten
Anblick erstaunt, da man damals den Grund der Erscheinung
nicht kannte; deshalb halte ich den Versuch für um so glaub-
würdiger, wenn ich auch selbst ihn nicht wiederholt habe.
Wer aber den Versuch machen will, möge ja Sorge tragen,
dass die Flüssigkeiten von guter, intensiver Farbe sind.

Wenn nun die Körper dadurch farbig erscheinen, dass
sie diese oder jene Art Strahlen reichlicher reflectiren oder
durchlassen, als andere Arten, so kann man sich vorstellen,
dass sie die nicht reflectirten oder durchgelassenen in ihrem
Inneren zurückhalten und auslöschen. Hält man dünn ge-
schlagenes Gold zwischen Auge und Licht, so wird das durch-
gehende Licht grünlich-blau erscheinen; daher lässt massives
Gold die blauen Strahlen in sein Inneres eindringen, die dann
hin und her reflectirt werden, bis sie erstickt und verloschen
sind, während es die gelben nach aussen zurückwirft und deshalb gelb aussieht. Ganz auf dieselbe Weise ist Blattgold im
reflectirten Lichte gelb, im durchgelassenen blau, und massives
Gold bei jeder Stellung des Auges gelb. Es giebt gewisse

Flüssigkeiten, wie z. B. Nierenholztinctur, und gewisse Glassorten, welche eine Art Licht in grosser Menge durchlassen,
eine andere Art zurückwerfen, und deshalb je nach der Stellung des Auges gegen das Licht verschiedene Farben zeigen.
Wenn aber diese Flüssigkeiten oder Gläser so dick und mas-
siv wären, dass kein Licht durch sie hindurchgehen könnte,
so bin ich sicher, obgleich ich es nicht durch den Versuch
bestätigen kann, dass sie, wie alle undurchsichtigen Körper,
bei jeder Stellung des Auges in ein und derselben Farbe erscheinen würden.   Denn soweit meine Beobachtung reicht,
können alle farbigen Körper durchsichtig gemacht werden,
wenn man sie gehörig dünn herzustellen vermag, und in ge-
wissem Maasse sind alle durchsichtig und unterscheiden sich
lediglich im Grade der Durchsichtigkeit.   Ein durchsichtiger
Körper, der im durchgelassenen Lichte irgend eine Farbe
zeigt, kann auch im reflectirten Lichte in derselben Farbe
erscheinen, wenn nämlich das Licht dieser Farbe durch die
hintere Fläche des Körpers oder durch die jenseits befindliche
Luft zurückgeworfen wird.   Die zurückgeworfene Farbe wird
aber dann geschwächt oder vielleicht ganz verschwinden, wenn
man den Körper recht dick macht und ihn auf der Rückseite,
um deren Reflexion zu vermindern, mit Pech überzieht, so
dass das von den farbigen Körpertheilchen selbst reflectirte
Licht überwiegt.   In solchen Fällen wird die Farbe des reflectirten Lichts von der des durchgelassenen verschieden sein.
Woher es aber kommt, dass farbige Körper und Flüssigkeiten
einige Strahlenarten reflectiren, andere einlassen oder durchlassen, soll im nächsten Buche erklärt werden.   In dieser Proposition genügt es mir, ausser Zweifel gestellt zu haben, dass
die Körper derartige Eigenschaften besitzen und deshalb farbig
erscheinen.

Prop. XI.   Aufgabe 6.

Durch Mischung farbigen Lichts einen Lichtstrahl
von   der   nämlichen   Farbe   und   Beschaffenheit
zusammenzusetzen, wie ein Strahl des directen
Sonnenlichts, und dadurch die Richtigkeit der vorhergehenden Propositionen zu prüfen.

Sei *ABCabc* in Fig. 45 ein Prisma, durch welches das
durch die Oeffnung *F* in ein dunkles Zimmer eingelassene

Sonnenlicht nach der Linse MN hin gebrochen werde und
auf derselben bei p, q, r, s und t die gewöhnlichen Farben
Violett, Blau, Grün, Gelb und Roth hervorrufe. Die durch
diese Linse gebrochenen Strahlen mögen nach X convergiren
und dort, wie früher gezeigt wurde, durch Vereinigung aller
jener Farben Weiss ergeben. Sodann stehe bei X ein anderes Prisma $DEGdeg$ parallel dem ersteren, welches das
weisse Licht aufwärts nach Y bricht. Die brechenden Winkel
der Prismen, sowie ihre Entfernungen von der Linse seien
gleich gross, so dass die von der Linse nach X convergirenden
Strahlen, welche ohne Brechung sich dort gekreuzt und dann
divergirt hätten, durch die Brechung des zweiten Prismas
parallel gemacht werden und nicht weiter divergiren. Alsdann werden diese Strahlen wieder ein weisses Lichtbündel

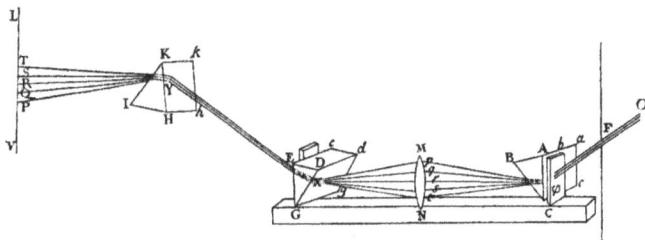

Fig. 45.

XY bilden. Wenn der brechende Winkel eines der beiden
Prismen grösser ist, so muss dasselbe um so viel näher an
der Linse stehen. Ob das Prisma und die Linse die richtige
Stellung gegen einander haben, wird man erkennen, wenn man
beobachtet, ob der aus dem zweiten Prisma austretende Lichtstrahl XY bis an die äussersten Ränder vollkommen weiss
ist und in jedem Abstande vom Prisma ganz weiss, wie ein
Sonnenstrahl, bleibt. Bis das der Fall ist, muss die Stellung
von Prisma und Linse corrigirt werden; hat man sie alsdann
mit Hülfe einer langen Holzleiste, wie in der Figur dargestellt, oder mittelst eines Rohres oder eines anderen, zu diesem
Zwecke hergestellten Instruments in der richtigen Stellung befestigt, so kann man mit diesem zusammengesetzten Lichtstrahle
XY alle die nämlichen Versuche anstellen, die mit directem
Sonnenlicht gemacht worden sind. Denn dieser Strahl hat,
soweit meine Beobachtungen reichen, dasselbe Aussehen und

ganz dieselben Eigenschaften, wie ein directer Sonnenstrahl.
Macht man also mit diesem Lichtstrahl Versuche, so kann man
sehen, wenn man irgend eine der Farben p, q, r, s und t bei
der Linse auffängt, dass die dabei entstehenden Farben keine
anderen sind, als die, welche die Strahlen schon vor ihrem
Eintritt in die Zusammensetzung des Strahles XY besassen,
dass sie also nicht aus irgend einer neuen Modification des
Lichts in Folge von Brechungen und Reflexionen entstanden
sind, sondern durch die verschiedenen Trennungen und Mischungen von Strahlen, die ihre eigenthümlichen Farbeneigenschaften besitzen.

So stellte ich z. B. mittelst einer Linse von $4\frac{1}{2}$ Zoll Durchmesser und mit zwei zu beiden Seiten $6\frac{1}{4}$ Fuss von ihr ent-
fernten Prismen einen solchen Strahl zusammengesetzten Lichtes her, um die Ursache der durch das Prisma hervorgerufenen
Farben zu untersuchen, und liess den Lichtstrahl durch ein
anderes Prisma $HIKhk$ brechen und die gewöhnlichen prismatischen Farben P, Q, R, S, T auf einen dahinter ge-
stellten Papierschirm werfen. Wenn ich dann eine der Farben
p, q, r, s, t bei der Linse auffing, fand ich immer, dass die
nämliche Farbe auch auf dem Papier verschwand. Wenn ich
z. B. das Purpur p an der Linse auffing, so verschwand sogleich das Purpur P auf dem Papier, und die übrigen Farben
blieben vollkommen unverändert, ausgenommen vielleicht das
Blau, insoweit ein wenig Purpur, welches bei der Linse noch
in ihm verborgen war, durch die folgenden Brechungen daraus
entfernt wurde. Ebenso verschwand das Grün R auf dem
Papier, sobald ich an der Linse das Grün r aufhielt, u. s. w.
Dies zeigt deutlich, dass ebenso wie das Weiss des Strahles
XY aus mehreren, bei der Linse noch verschiedenfarbigen
Strahlen zusammengesetzt war, ebenso die Farben, welche
nachher durch neue Brechungen aus ihr hervorgehen, nichts
anderes sind, als die, welche das Weiss jenes Lichtstrahls
zusammensetzen. Die Brechung des Prismas $HIKhk$ erzeugt
die Farben P, Q, R, S, T auf dem Papierschirm nicht durch
Aenderung der Farbeneigenschaften der Strahlen, sondern
durch Trennung von Strahlen, die vor ihrem Eintritt in die
Zusammensetzung des gebrochenen weissen Strahles XY genau
dieselben Farbeneigenschaften besassen. Denn sonst würden,
entgegen unserer Beobachtung, die Strahlen, die bei der Linse
von einer Farbe waren, auf dem Papier verschiedene Farben
zeigen.

Um dann weiter die Ursache der natürlichen Körperfarben zu untersuchen, brachte ich solche Körper in den Lichtstrahl XY und fand, dass sie darin sämmtlich in ihrer eigenen Farbe, wie im Tageslicht, erschienen, und dass diese Farbe von den Strahlen abhing, welche die nämliche Farbe bei der Linse hatten, ehe sie in die Zusammensetzung des Lichtstrahls eintraten. So erscheint z. B. Zinnober in diesem Lichtstrahle in der nämlichen rothen Farbe, wie im Tageslichte, und wenn man bei der Linse die grünen und blauen Strahlen wegnimmt, so wird sein Roth noch voller und lebhafter; nimmt man aber dort die rothen Strahlen weg, so sieht es nicht mehr roth aus, sondern gelb oder grün, oder erhält je nach der Art der nicht aufgefangenen Strahlen irgend eine andere Farbe. So erscheint Gold im Lichte XY in dem nämlichen Gelb, wie bei Tageslicht; fängt man aber bei der Linse eine beträchtliche Menge gelber Strahlen auf, so sieht es, wie ich selbst durch Versuche festgestellt habe, weiss, wie Silber, aus. Dies zeigt, dass sein Gelb aus dem Ueberwiegen der aufgefangenen Strahlen entspringt, welche, wenn sie vorbeigelassen wurden, dem Weiss ihre Farbe verliehen. So sieht ein Aufguss von Nierenholz, wie ich ebenfalls selbst geprüft habe, wenn man ihn in den Lichtstrahl XY bringt, im reflectirten Lichte blau aus, im durchgehenden roth, wie im Tageslicht; fängt man aber bei der Linse das Blau auf, so verliert der Aufguss seine blaue reflectirte Farbe, während sein durchgelassenes Roth nicht nur vollständig bleibt, sondern auch durch den Verlust von einigen blauen Strahlen, mit denen es behaftet war, noch intensiver und reiner wird. Und wenn man umgekehrt die Roth und Orange erregenden Strahlen bei der Linse wegnimmt, so verliert der Aufguss sein durchgelassenes Roth, während das Blau erhalten bleibt und noch intensiver und vollkommener wird. Daraus geht hervor, dass der Aufguss keineswegs die Strahlen roth und blau färbt, sondern nur diejenigen, welche vorher schon roth waren, am reichlichsten durchlässt und die, welche vorher blau waren, in grösster Menge zurückwirft. In derselben Weise können die Ursachen anderer Erscheinungen untersucht werden, wenn man die Versuche in diesem künstlichen Lichtstrahle XY anstellt.

Anmerkungen.

Isaac Newton wurde am 25. Deçbr. 1642 a. St., d. i. am 4. Jan. 1643 n. St. in dem Dorfe Woolsthorpe (Lincolnshire), wo sein Vater ein kleines Landgut besass, als Posthumus geboren, genau ein Jahr nach *Galilei's* Tode und 100 Jahre nach dem des *Copernicus.* Er war ein äusserst schwächliches Kind, wurde nach der Wiederverheirathung der Mutter von der Grossmutter aufgezogen und genoss den ersten Unterricht in der Dorfschule und später in dem benachbarten Städtchen Grantham. Während er in der Schule sich anfangs durchaus nicht auszeichnete, bewies er doch grosses Talent und Geschick für kleine praktische Arbeiten, baute Windmühlen, Wasser- und Sonnenuhren u. dgl.; endlich wurde er, etwa im Alter von 15 Jahren, von der inzwischen abermals verwittweten Mutter zurückberufen und musste nun das Gütchen des verstorbenen Vaters verwalten und dessen Erträgnisse zu Markte fahren. Bald aber zeigte er so entschiedene Neigung und Begabung für wissenschaftliche Studien, dass seine Angehörigen selbst erkannten, er tauge nicht zur Landwirthschaft und müsse einen anderen Lebensweg einschlagen; und die Welt hat es der Fürsprache und Unterstützung seines Oheims, des Pfarrers *Ayscough* zu danken, dass *Newton* der Dunkelheit des niederen Landlebens entrissen und ihm der Besuch einer höheren Schule ermöglicht wurde. In der Stadtschule von Grantham bereitete er sich nun so rasch als möglich vor, um dann das Trinity-College zu Cambridge besuchen zu können, in welches er 1660 aufgenommen wurde.

Hier zeigte sich bald die gewaltige Kraft seines nach Kenntnissen dürstenden Geistes; er wandte sich, wie man erzählt, um die Irrthümer der Astrologie zu bekämpfen, mathematischen und astronomischen Studien zu und arbeitete unabhängig von der Schule nicht nur den Euklid durch, sondern beherrschte bald die Geometrie des *Descartes*, die Arithmetik des Unendlichen von *Wallis*, *Saunderson's* Logik und *Kepler's* Optik in solchem Maasse, dass seine Lehrer ihm wenig mehr bieten konnten. So durchlief er die gewöhnlichen Universitätsgrade bis zum Baccalaureus (1666) und Magister (1668) und begann schon in den letztgenannten Jahren seine bahnbrechenden Untersuchungen über die Dispersion des Lichts, die Gravitation und die Fluxionsrechnung. Als daher sein Lehrer und Freund Dr. *Barrow*, dem er bei der Herausgabe von dessen Optik wesentliche Dienste geleistet hatte, seine Professur niederlegte, wurde dieselbe (1669) *Newton* übertragen, und das Trinity-College zu Cambridge wurde die Stätte, wo der geniale Gelehrte bei knappem Gehalte und in fast klösterlicher Einsamkeit für 26 Jahre seinen Wirkungskreis hatte, von welcher aus aber sein Ruhm sich über ganz Europa verbreitete.

Seine ersten wissenschaftlichen Arbeiten betrafen die Optik; in den Jahren 1669—71 hielt er Vorlesungen, die seine wichtigsten Entdeckungen bereits enthielten, deren Inhalt aber zunächst wenig bekannt wurde. Erst 1672, nachdem er in Veranlassung der Construction seines Spiegelteleskops in die Royal Society aufgenommen worden war, trat er vor die gelehrte Welt mit der Abhandlung: *A new theory about light and colours* (*Phil. Trans. abr. vol. I*). Damit begannen aber mannigfache Kämpfe für den bisher vereinsamten Autodidakten, der, ohnehin eine in sich gekehrte Natur, bei seiner Entfernung von London nur selten mit den Gelehrten der Gesellschaft in Berührung kam, und den insbesondere die Entgegnungen des ebenso scharfsinnigen, als schonungslosen *Hooke* empfindlich trafen. Auch auswärtigen Gelehrten, wie dem Jesuiten *Pardies* in Clermont und den Holländern *Linus* und *Lucas* gegenüber, hatte er seine Lehre von der Zerlegung des weissen Lichts in die prismatischen Farben zu vertheidigen, ging aber, wenn auch schwer verstimmt, im Wesentlichen siegreich aus allen Kämpfen hervor. Eine spätere optische Abhandlung von 1675, die er der Gesellschaft einreichte, hat er nicht bis zum Drucke gelangen lassen, überhaupt seitdem keine grössere Arbeit in den Phil. Trans. veröffentlicht.

Inzwischen stieg nicht allein *Newton's* Ansehen mehr und mehr, sondern auch seine äusseren Verhältnisse besserten sich bedeutend, als er durch Verwendung seines Gönners *Mon-*

tague (späteren *Earl of Halifax*) Münzwardein in London und schliesslich (1699) Münzmeister mit 1500 Ł Jahresgehalt wurde; er war mehrfach Parlamentsmitglied, war zum Ritter erhoben, war Präsident der Royal Society und lebte nach Niederlegung seiner Professur am Trinity-College seit 1695 in London oder in Kensington. Von seinen in den letzten Jahrzehnten veröffentlichten mathematischen und astronomischen Arbeiten, unter denen die *Method of fluxions* und die von der Nachwelt bewunderten, von seinen Zeitgenossen kaum anerkannten *Philosophiae naturalis principia mathematica* die bedeutendsten sind, kann hier nicht ausführlicher die Rede sein.

So stand *Newton* auf der Höhe seines Ruhmes, als im Jahre 1704 seine Optik zum ersten Male erschien, in welcher er Alles niedergelegt hat, was er bis dahin über optische Gegenstände gearbeitet hatte. Das hier vorliegende I. Buch beschäftigt sich ausschliesslich mit der Dispersion des Lichts und der damit zusammenhängenden Theorie der Farben, sowie mit der Erklärung des Regenbogens; das II. Buch behandelt seine Auffassung der Reflexion und der Durchsichtigkeit der Körper, die Farbenringe, die Farben dünner Blättchen und die darauf zurückgeführten natürlichen Körperfarben, enthält auch die Beobachtungen und Messungen aus der oben erwähnten, nicht zum Drucke gelangten Abhandlung von 1675, jedoch unter Zugrundelegung seiner Theorie der Anwandlungen (*fits*), als einer in der Natur des Lichtstrahls liegenden Eigenschaft derselben, und im III. Buche giebt er sorgfältige Beobachtungen und Messungen zu den Beugungserscheinungen, zuletzt aber eine Anzahl hingeworfener Gedanken und unausgeführter Versuche über optische und andere naturwissenschaftliche und naturphilosophische Gegenstände, wobei er die Hypothesen über das Wesen des Lichts, seine Beziehungen zur Wärme, subjective Farbenerscheinungen, die Doppelbrechung und Polarisation berührt, und in Form von Fragen gleichsam zur Discussion stellt.

Die Optik erlebte zahlreiche Auflagen; wir kennen davon 4 englische Ausgaben, 6 lateinische und 3 französische Uebersetzungen; *Newton* erlebte noch die dritte englische Ausgabe (1721) und überwachte persönlich die erste lateinische Uebersetzung von *Clarke* (1706); die französische Uebersetzung lässt an vielen Stellen erkennen, dass sie wesentlich nach der lateinischen gemacht ist; eine deutsche existirte bis jetzt nur von seinen Principien.

Ueber die Kämpfe *Newton*'s gegen die Undulationstheorie wird im folgenden Hefte gelegentlich des II. und III. Buches Einiges anzumerken sein; im Allgemeinen hat er die letzten Jahrzehnte seines Lebens in hohem Ansehen (bei Hofe sowohl als bei der gelehrten Welt) ruhig verlebt und galt, zumal da seine geistreichsten Gegner, *Hooke* und *Huyghens*, bereits verstorben waren, einem grossen Kreise von Schülern und Anhängern als unanfechtbare Autorität, während *Huyghens*' klassische Arbeit (Heft 20 der Klassikersammlung) länger als ein Jahrhundert unbeachtet blieb.

Newton war nie verheirathet; sein Haus verwaltete eine Nichte. Nachdem er von seinem 80. Jahre an zeitweise gekränkelt, starb er im 85 sten Jahre seines Lebens am 31. März 1727 n. St. oder am 20. März 1727 a. St., oder, wie man damals noch in London schrieb (weil man das neue Jahr mit dem 25. März begann): d. 20. März 1726. Sein Leichnam ward unter den höchsten Ehrenerweisungen in der Westminster-Abtei beigesetzt, wo ein prächtiger Sarkophag seine Ruhestätte bezeichnet.

Ueber die Bedeutung, das Wirken und die Anschauungen *Newton*'s besitzen wir eine gründliche und umfassende Darstellung in: *Rosenberger*, Isaac Newton und seine physikalischen Principien. Leipzig 1895.

---

1) *Zu S. 1.* Optische Untersuchungen *Newton*'s aus dem hier bezeichneten Jahre 1687 sind nicht bekannt; auffallend ist auch, dass *Newton* seine bereits 1672 in den *Phil. Trans. abr. vol. I* abgedruckte »*New theory about light and colours*« mit keinem Worte erwähnt (s. auch Briefe an *Oldenbourg* darüber in *Horsley, Newtoni opp. t. IV*).

2) *Zu S. 6.* Die Annahme *Newton*'s, dass es »Strahlen verschiedener Reflexibilität« gäbe, reducirt sich einfach auf die Thatsache, dass bei der totalen Reflexion die brechbarsten Strahlen zuerst den Grenzwinkel erreichen (s. Prop. III, Seite 43). Auch im 16. Versuche des 2. Theils (S. 108) entsteht auf diese Weise eine »durch Reflexion erzeugte blaue Farbe«.

3) *Zu S. 7.* Unter »Axiomen« sind hier nicht, wie in der Mathematik, Grundsätze zu verstehen, deren allgemeine Anerkennung ohne Beweis gefordert werden soll, sondern, wie *Newton* am Schlusse derselben (S. 15) selbst erklärt, die bis dahin festgestellten Erfahrungsthatsachen aus der Lehre vom Licht.

4) *Zu S. 7.* Der Satz lautet im Originale: *If the Refracted Ray be returned directly back to the Point of Incidence, it shall be refracted into the Line before described by the incident Ray.* Man wird den Satz zunächst so verstehen, dass der reflectirte Strahl im Einfallslothe zurückkehrt, aber ein Druckfehler ist gänzlich ausgeschlossen, da in allen Ausgaben, auch den lateinischen und französischen, von Brechung die Rede ist. Eine Erklärung ergiebt sich wohl daraus, dass nach der Emanationstheorie die äussere Reflexion keineswegs vom Auftreffen des Lichts auf die Köpertheilchen herrührt (Buch II, Theil III, Prop. VIII), sondern durch die Wirkung derselben Kraft zu Stande kommt, welche auch die Brechung und Beugung zur Folge hat, einer Kraft, welche (am kräftigsten) innerhalb einer dünnen, die Grenzfläche beider Media umfassenden Schicht zwischen den materiellen Körpertheilchen und denen des Lichts sowohl anziehend, als abstossend(!) wirkt (Buch II, Propp. IX und XIV, Buch III, Frage 4) und welche die Lichtkörperchen, die schon im Begriffe sind (wie im 3. Buche mehrmals gesagt ist), in das zweite Medium einzudringen, zurückreisst *(back to the point of incidence)*. Die Erklärung der äusseren Reflexion ist sicher der schwächste Punkt der *Newton*'schen Theorie. Sollte vielleicht obiger Satz, welcher in der Mitte der ersten fünf Axiome den Uebergang von der Reflexion zur Refraction bildet, zugleich mit aussprechen, dass der Strahl auch ungebrochen in der Richtung der Einfallslinie weiter geht?

5) *Zu S. 11.* Die Beweise für diese Sätze (Fall 1—4) hatte *Newton* in den nach seinem Tode erschienenen '*Lectiones Opticae, in schol. publ. Cantabrigiensium ex cathedra Lucasiana hab.*' gegeben. Die Uebereinstimmung z. B. der hier gegebenen Construction des Bildpunktes mit unserer jetzt üblichen Formel $b = \dfrac{df}{d-f}$ (b Bildweite, d Objectsweite) ergiebt sich sofort, wenn man die Proportion $TQ : TE = TE : Tq$ mit dieser Bezeichnungsweise schreibt; denn alsdann lautet dieselbe: $(d-f) : f = f : (b-f)$.

6) *Zu S. 22.* *Newton* hatte, wie aus den angegebenen Dimensionen seines Spectrums hervorgeht, sicherlich immer Prismen von sehr gutem, stark zerstreuendem Glase und ist beharrlich bei der Meinung geblieben, dass das Brechungs- und Dispersionsvermögen von der Substanz des Prismas unabhängig sei, selbst als ihm *Lucas* in Lüttich, dessen Prismen von

geringerem Glase waren, entgegnete, das Spectrum sei nur
dreimal so lang als breit. Dadurch entging *Newton* die Entdeckung der Achromasie.

7) *Zu S. 31.* Dieser Versuch ist es, den *Newton* früher
immer als 'experimentum crucis', als den am Kreuzwege ent-
scheidenden bezeichnet hatte (*Letters, theory of light a.
colours, Horsley IV, pag. 293—372*). Der Name hat sich
bis auf die Gegenwart erhalten, *Newton* aber verzichtete später
geflissentlich auf eine besondere Betonung gerade dieses Versuchs, da er wohl noch manchem anderen eben so viel Beweis-
kraft zugeschrieben wissen wollte und nicht mehr allein den
6. Versuch als den Schwerpunkt seiner Untersuchungen bezeichnen mochte.

8) *Zu S. 54.* Sei $AH = IB$, und bezeichnen GH
und IK die Geschwindigkeiten beim Ein- und beim Austritte.
Macht man noch $HL = IK$, so ist

$$BK = \sqrt{IK^2 - IB^2}$$
$$= \sqrt{LH^2 - AH^2}$$
$$= \sqrt{LH^2 - GH^2 + AG^2}.$$

Für $AG = 0$ wird $BK = \sqrt{LH^2 - GH^2}$; nennt man

Fig. 46.

diesen Minimalwerth m, so ist allgemein $BK = \sqrt{AG^2 + m^2}$.

9) *Zu S. 54.* Die »Bewegungen«, d. h., wie weiter unten
deutlicher gesagt ist, die Geschwindigkeiten, sind im zweiten
Medium mit dem Brechungsexponenten multiplicirt, jedoch im
Sinne der Emanationstheorie so, dass das Licht im dichteren
Medium die grössere Geschwindigkeit hat; denn »die Geschwindigkeit des Körpers vor dem Eintritte verhält sich zu
der nach dem Austritte, wie der Sinus des Austrittswinkels
zum Sinus des Einfallswinkels« (*Phil. nat. princ. math. I,
prop. XCV*).

10) *Zu S. 64.* In den *Lect. Opt. I, sect. IV, prop. XXXI*,
wo die erwähnte Rechnung zu finden ist, giebt *Newton* als den
Durchmesser des Zerstreuungskreises $\dfrac{RS^3}{ID}$ an, den auch die
ersten Ausgaben der Optik haben, und der (weiter unten) zu
dem Verhältnisse $1:8151$ statt $1:5449$ führte, hat ihn aber
hier verbessert.

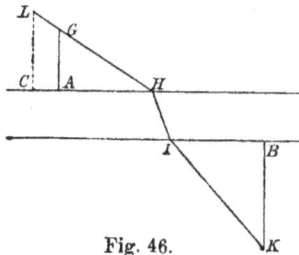

11) *Zu S. 65.* Fernrohrlinsen wurden anfangs meist aus Bergkrystall geschliffen.

12) *Zu S. 68.* Mit der hier erwähnten, nicht näher bezeichneten Entdeckung von *Huyghens*, auf welche *Newton* auch nicht weiter eingeht, sind die Erfolge *Huyghens*' gemeint, die er durch Herstellung von Linsen von ungemein grosser Brennweite erzielte, insbesondere die von Demselben 1684 construirten sogenannten Luftfernrohre (*télescopes aëriens*), ohne Rohr, wie sie auch später noch von Anderen bis zu 200 m Objectivbrennweite gebaut wurden.

13) *Zu S. 68.* Im Jahre 1668; *Newton* behauptet jedoch nicht, der erste Erfinder eines Spiegelteleskops zu sein; denn schon in seinem Briefe an *Oldenbourg* vom 4. Mai 1672 erwähnt er die Beschreibung von *Gregory*'s Instrument, welches dem von *Cassegrain* ähnlich sei.

14) *Zu S. 73.* Dieser ganze Absatz fehlt in der ersten englischen, wie in der lateinischen Ausgabe von 1706.

15) *Zu S. 82.* Diese Reihenfolge der Saitenlängen weicht von der aus unserer Durtonleiter herzuleitenden nur darin ab, dass *Newton* die kleine Terz (Schwingungszahl $\frac{6}{5}$) nimmt, und als Septime denjenigen Ton ($\frac{16}{9}$), der die reine Quart von der Quart ist ($\frac{4}{3} \cdot \frac{4}{3}$).

Newton hat kein musikalisch bestimmtes System; im zweiten Buche kommt noch eine andere, übrigens etwas bessere Tonfolge vor; die hier zu Grunde liegende, welche noch an anderen Stellen benutzt ist (*I, prop. VI* und *II, p. I, obs. 14*), hat nur einen reinen Duraccord und einen reinen Mollaccord, also keinen musikalischen Werth. Das Bestreben *Newton*'s, eine Harmonie zwischen Farben und Tönen aufzufinden, lag wohl noch immer (von *Pythagoras* bis zu *Kepler*) im Geiste der Zeit.

16) *Zu S. 99.* Der ganze von S. 97—99 beschriebene »15. Versuch« gewinnt ein wesentlich anderes Licht durch die Theorie von *Ernst Brücke*, der in seiner »Physiologie der Farben«, Leipzig, S. Hirzel 1866, im § 14, »Von der Absorption der Farben«, auf den Unterschied der Addition und Subtraction der Spectralbestandtheile zweier Pigmente aufmerksam gemacht hat. Bei der Vermischung zweier Pigmente in Pulverform wird das Licht gleichsam durch beide Stoffe hindurchgesiebt, ähnlich wie beim Hindurchblicken durch zwei aufeinandergelegte bunte Glasplatten. So erhält man mit Blau und Gelb meist Grün, weil beide Pigment- oder Glassorten

meist viel Grün hindurchblassen. Anders bei der Addition der
Spectren, wo man Grau erhält, wenn z. B. Blau und Gelb auf
einer rotirenden Scheibe beobachtet werden. Bei Mischung
sehr durchsichtiger Farbenpulver können lebhafte Farben entstehen, weil das Subtractionsprincip ganz zur Geltung kommt.
Wenn dagegen die Pigmentpulver, welche gemischt werden,
sehr undurchsichtig sind, so kann das Additionsprincip sich
hinzugesellen, weil das Licht nur wenig aus der Tiefe der
Mischung heraufdringt. Das Mischpulver hat dann ein unge-
sättigtes Aussehen; es ist alsdann das Subtractions-Grün mit
dem Additions-Grau vermengt. S. *Brücke*, a. a. O., S. 127
u. 133. Auf Seite 119 des Textes spricht auch *Newton* von
der Absorption, und von einer Subtraction der Spectren.

17) *Zu S. 100.* Die Bezeichnung der Töne lautet im
Original: *Sol, La, Fa, Sol, La, Mi, Fa, Sol*, eine Tabulatur,
die jedenfalls einer Erklärung nicht zugänglich ist, da sie übersetzt lauten würde: *G, A, F, G, A, E, F, G.* In Buch II,
p. I, obs. 14 steht sie genau ebenso; nur in den *Lect. Opt.,
p. II*, § 123 flg. lautet die Scala etwas verständlicher:

$$\textit{Sol, La, Fa, Ut, Re, Mi, Fa, Sol};$$

d. h. sie beginnt mit *G* und lässt nur an dritter Stelle die
Bezeichnung *Si* für unser *H* vermissen. Da dieses im Englischen *B* heisst (während unser *B* englisch *B flat* genannt
wird), so ist die angeführte Scala nach englischer Schreib-
weise ganz naturgemäss: *G, A, B, C, D, E, F, G.*

Dagegen lassen sich die hier angegebenen Verhältniss-
zahlen leicht erklären. Zu Grunde gelegt sind (wie S. 82)
die Saitenlängen

$$1 \quad \tfrac{8}{9} \quad \tfrac{5}{6} \quad \tfrac{3}{4} \quad \tfrac{2}{3} \quad \tfrac{3}{5} \quad \tfrac{9}{16} \quad \tfrac{1}{2};$$

daraus die Verhältnisse von je zwei folgenden Saitenlängen:

$$\tfrac{8}{9} \quad \tfrac{15}{16} \quad \tfrac{9}{10} \quad \tfrac{8}{9} \quad \tfrac{9}{10} \quad \tfrac{15}{16} \quad \tfrac{8}{9} \cdot$$

Hieraus bildete *Newton* die Differenzen dieser Verhältnisse,
indem er jedesmal die vorhergehende Saitenlänge $= 1$ setzte.
So kommt die Reihe

$$\tfrac{1}{9} \quad \tfrac{1}{16} \quad \tfrac{1}{10} \quad \tfrac{1}{9} \quad \tfrac{1}{10} \quad \tfrac{1}{16} \quad \tfrac{1}{9},$$

wie sie unsere Stelle des Textes in allen lateinischen und
französischen Ausgaben, auch in der von *Newton* selbst durch-
gesehenen ersten lateinischen von 1706, angiebt, während in

allen englischen Ausgaben der Optik (wohl durch Versehen oder Druckfehler) das drittletzte Verhältniss $\frac{1}{16}$ heisst.

Endlich lassen die Buchstaben in Figur 11 erkennen, weil doch das Spectrum mit *Roth* beginnt, dass hier der Ton D als Anfangspunkt der Leiter genommen ist, und zwar hat dies *Newton* ohne Zweifel deshalb gethan, damit auf Orange und Indigo die kleinsten Sectoren fallen, also die beiden $\frac{1}{16}$ der Reihe; denn an diesen Stellen lagen nun die beiden einzigen in der Scala vorkommenden Halbstufen, nämlich von E bis F, und (nach englischer Bezeichnungsweise, die wir auch im Texte auf S. 100 angewandt haben) von B bis C.